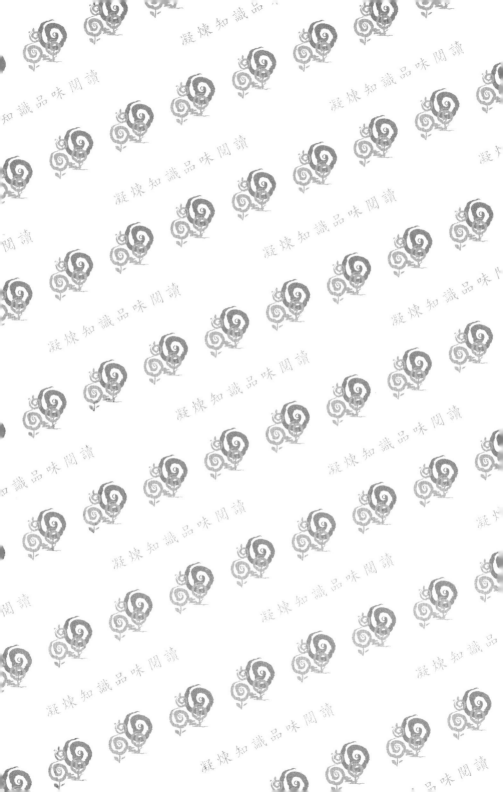

從CSR、ESG、SDGs 到社會創新事業的 永續世代法律必修課

方元沂 主編

吳盈德、陳盈如、朱德芳
陳言博、洪令家、江永禎
康廷嶽、吳道揆、陳一強
王儷玲、黃正忠、侯家楷
邱瑾凡、蔣念祖、許又仁　合著

五南圖書出版公司 印行

賴　序

　　方元沂教授等十六位傑出的學者、企業家和法官，有感
於營利公司雖然造福人群，但也製造許多問題，希望經由社
會創新事業的發展，走出一條新的道路，於是發而爲文，寫
成這本精彩豐富的好書。

　　十六位作者學養深厚，對社會創新事業有深入的研究。
陳一強總經理等幾位企業家，更親身創辦社會企業，披荊斬
棘，卓然有成。

　　這本書是十六位作者學術研究的結晶，也是實務經驗的
精華，更是探討社會創新事業的重要著作，深具理論與實用
價值，特爲推薦。

　　　　　　　　　　　　　　　　　　　　賴英照
　　　　　　　　　　　　　　　　　　司法院前院長

李 序

　　企業的社會責任，不是一個新奇的概念，而是經過長期討論研究，愈趨成熟而且漸已通行的企業活動理念指標。它也脫離了 20 世紀出現的激烈爭辯——以營利為目的的企業，是否可以未經所有股東同意，將利潤用於公益活動以實現社會責任、是否與經營者對於股東所肩負的責任有虧云云。此中觀念的改變，或許可用一個字的變化加以觀察。股東（shareholder）已不再被看成是僅有的、只是關切企業經營成敗的終極贏家或輸家；企業經營，除了股東之外，員工、交易對象、企業社群、消費者，乃至於一般社會大眾，都是或深或淺的利害關係人（stakeholder）。企業是個經濟群體，不必只以營利為唯一的經營目的，即使只是閉鎖性公司，所從事的經濟活動也恆與整體社會息息相關，在社會道德或企業倫理層面，必然肩負一定的社會責任，回應社會的正當且合理的期待與需要。

　　方元沂教授浸淫相關領域的研究有年，其所策劃、編輯並集合十餘位專家學者，協力撰著的《從 CSR、ESG、SDGs 到社會創新事業的永續世代法律必修課》，分為十章問世。對於社會企業在永續發展的議題上，如何創新而正視企業社會責任的大哉一問，提供了新穎而全觀的綜整論述，是 21 世紀台灣的社會創新事業家值得人手一本加以細讀的好書。

　　借用蔣念祖教授在書中採取的實用型定義，社會企業可以同時具備社會責任與獲利能力，不但將其社會責任，轉化

為永續經營的商業目標，也更以其盈餘投注於投資社會企業本身，繼續解決社會問題，而非專歸出資人分配享有而已。吳道揆等三位作者的撰著則是使用影響力投資進行描述，其定義的範圍似更廣闊一些，但也在相同的理念基礎上提供了更多的觀察選擇。簡而言之，不論是社會企業或是影響力投資，所涵蓋的投資對象，可以遍及環保事業、氣候變遷、生態保育、清潔能源、社會弱勢福祉、消弭社會歧視、平權運動，乃至於各種人權議題，都足以成為社會企業的目標與活動場域，社會企業可以採取足夠透明的方式，提供有效解決問題的辦法，發揮影響力而不必全然放棄其經濟收益。

容我以人權議題的角度試行解讀社會企業的意義。《世界人權宣言》第 20 條規定了結社自由，這當然包含了企業的營業自由；第 29 條則規定了人人負有社會責任，以能在民主社會中適應道德的正當需要。這裡表述了基本權利與社會責任互為表裡的關係：基本權利面對的是政經權力所生的社會關係，權利的行使必然附隨著社會責任。反過來看，更積極的說法應該是，企業自主地選擇如何善盡自身的社會責任，其實也是一項基本權利；因為，對於企業而言，自主決定以何種方式實現其社會責任的選擇自由，屬於企業應受憲法保障的營業自由。企業主動地承擔社會責任，乃是享受其基本權利的作為；這項選擇自由，法律不能任意加以否定。其實，只要是合法的企業，但能符合企業社會責任行為規範的要求（如資訊揭露），而能通過預防漂綠的檢驗，即使有

道德議題上的爭議（例如軍火業），也該享有從事社會公益活動的選擇自由。如此才能促成企業社會責任的極大化，也才能企及本書第七章末尾所揭櫫的高遠理想，有一天所有的企業都是社會企業，都能從事影響力投資，改善、提升企業自我設定的道德倫理價值目標！

　　更要藉此機會提供一項具體的建議。最能符合公司治理標準的方式，不論是閉鎖性公司或是公開發行股票的上市公司，應是在符合法令規範的範圍內，於企業的設立章程中明確訂定其自主設定的社會責任，以及其所選擇實現社會責任的方法，包括應為定期公開揭露的程序，及將在何種程度上繼續使用其盈餘執行其社會責任與影響力投資。明確的章程規範，可以避免股東或投資者之間不必要的爭議，也更能明確彰顯社會企業的體質。當然，細讀本書之後，對於如何擬定章程而自我確認永續的社會企業定位，必然也能得到更精確的觀念與清晰的認識。

　　是為序。

李念祖
憲法教授、社會企業董事

朱 序

　　ChatGPT 已成爲我們的日常。同時大家對 Sam Altman 及其所成立的非營利 OpenAI 組織及營利 OpenAI LP 公司感到好奇。他將 OpenAI LP 設計成一個有限營利公司（Capped-Profit Company）；也就是 OpenAI LP 的投資人所獲得的回報會是有限的，超過限額的獲利則會投入非營利的 OpenAI，繼續將 AI 用於造福人類的研發。這種將營利公司與非營利公司混合的模式，在未來一定會愈來愈普遍。所以你可以說 OpenAI LP 是一間共／兼益公司（profits with purpose）。它的公司結構創新是有一個利潤上限（capped-profit），只要當初投資的人都同意此上限，超過上限的利潤就會用來支持投資人事先同意的社會目的。

　　「先行政，後立法」是永遠趕不上資本市場的創新。不管是早期參與中小企業處林美雪副處長、陳琬惠、林依瑩代表的「台灣公益團體自律聯盟」，或與鄭志凱、陳一強一起成立的「活水創投」，詹宏志、顏漏有、陳素蘭創立的「AAMA 台北搖籃計畫」及推動「B 型企業」，到不久前與方元沂、江永楨、陳一強、鄭志凱、許又仁推動「共／兼益公司」（profits with purpose）立法的過程，見證了台灣社會企業、影響力投資、CSR、USR、ESG、SDGs、Stakeholder Economy、B 型企業、共／兼益公司、DEI，到現在的「有限營利」公司的發展。

　　基本上大部分的法律都是以防弊爲出發點，不管是「台灣公益團體自律聯盟」或「共／兼益公司」，都是要防止「漂綠」，可能是必要之惡。幸運或不幸運的是，目前網路

資訊、社群媒體發達，再加上 ChatGPT 的工具，我們已經到達 post-fact world，什麼是真實、不真實，有一天真的很難區別。對社會創新事業的法律規範應該以「負面表列」，興利、鬆綁、彈性、低密度管理為主。一旦以防弊（防止洗綠、漂綠）為出發點的立法，基本上用法律背書，反而讓消費者、投資者不能覺醒、做好自己的判斷及盡職調查，劣幣更會驅逐良幣。

很高興看到有更多人來論述分享《從 CSR、ESG、SDGs 到社會創新事業的永續世代法律必修課》。因為個人對「影響力投資」有興趣，跟著活水影響力投資的鄭志凱、陳一強學習用投資來改變世界，特別鼓勵大家上網搜尋（或用 ChatGPT）有關活水影響力投資公司及 OpenAI LP。不管是 Profit for Purpose (PFP)、Profit with Purpose (PwP)、Capped-Profit Company，甚至 Capped-Margin Company、Capped-Growth Company，你都發現需要有法律架構的創新。你也會發現社會一直擁有一小群人，努力做他們相信的、擅長的、喜歡的、能做的事。

另外，也要謝謝方元沂、江永禎、許又仁在共／兼益公司立法中的用心與堅持。

「活水相信有一天，所有的企業都是社會創新企業，所有的投資都是影響力投資。」

朱　平

漣漪人基金會

主編序

　　編寫本書的原因可以追溯到 2016 年，當時我受到政治大學法學院方嘉麟教授和台灣大學法律學院黃銘傑教授的邀請，加入由產官學合作組成的公司法全盤修正修法委員會，負責關於公司型社會企業法制研究。從那時起，我長期關注企業社會責任到 ESG 的典範轉移、社會企業與社會創新組織法律制度，並先後參與經濟部中小企業處、內政部、法務部關於公司法、合作社法、公益信託法與社會創新組織發展法律調適的研究。七年多的時光裡，感謝所有提供我意見、支持和鼓勵的朋友，一起關心如何透過建構良善的法制環境，支持社會企業／社會創新事業發展的生態系與市場。

　　本書完成得益於理律文教基金會李永芬執行長對社會公益和教育的長期投入，與中國文化大學合作推出文大理律學堂，開設涵蓋關於社會創新組織和共／兼益公司法的系列課程，並支持本書的出版。此外，我要特別感謝公司法和證券交易法的泰斗、公司治理和企業社會責任的先驅，司法院前院長賴英照大法官、理律法律事務所所長李念祖律師，以及肯夢、肯邦朱平創辦人為本書撰寫推薦序。此外，還要感謝所有加入作者群的專家、學者和企業創辦人，投入專業知識和寶貴經驗完成本書。

　　本書的內容共分為十章，由我與當時擔任公司法修法的研究助理江永禎法官來介紹社會創新事業的相關法制發展與概述；吳盈德教授、陳盈如教授分析從事社會創新事業的型態選擇；朱德芳教授、陳言博處長探討社會創新事業

的設立、負責人責任及法律風險管理；洪令家教授分析社會創新事業之資訊揭露相關議題；康廷嶽副所長介紹社會創新發展政策；吳道揆執行長、陳一強總經理、王儷玲教授解析提供社會創新事業資金重要來源的影響力投資與永續投資（ESG）；黃正忠董事總經理、侯家楷協理、邱瑾凡顧問師分析企業整合社會創新行動的策略及影響力；蔣念祖榮譽理事長分享非營利組織的社會創新實踐；許又仁創辦人分享閉鎖性股份有限公司社會創新實務案例。

　　21 世紀是永續的時代，社會創新事業作為一種新興的商業模式，強調同時實現社會、環境和經濟效益，已經成為全球趨勢。本書從法律角度出發，闡述了社會創新事業的法制發展與相關法律問題，提供了專業的知識與實務案例，以協助社會創新事業在法制環境下順利發展。本書的目標讀者為關注社會創新事業、企業社會責任、ESG、社會投資、社會企業、社會創新法律與實務的學者、專業人士、社會企業／社會創新組織的創辦人、投資人、政府相關機關、學生以及關心永續發展的朋友。希望本書能夠為讀者提供實用的法律知識與啟示，幫助更多的社會創新事業順利發展，貢獻永續社會的建設。

　　社會創新是「眾人之事，眾人扶之」，期盼台灣社會創新事業的法制能發揮導引典範與推動社會思潮的強大社會功能，除了讓傳統企業肩負 ESG 的社會責任外，更要透過制定友善合宜的法令，突破既有法規的障礙，塑造並促進公共

利益的市場機制，來支持社會企業及社會創新組織發展，進而達成發展包容性經濟成長的目標。

主編　方元沂

圖 1　2019 社會創新入公司法研討會

圖 2　2020 台灣社會創新企業 CEO 高峰會

目錄 ▼

第一章　從傳統企業到社會創新事業的永續發展
　　　　新趨勢 / 方元沂　　　　　　　　　　　　　　1

　　一、社會創新與社會企業的發展和法律制度　　　　3

　　二、社會創新與企業社會責任、ESG的法律
　　　　規範　　　　　　　　　　　　　　　　　　10

　　三、社會創新與永續金融的政策與法律　　　　　15

　　四、社會創新與聯合國永續發展目標　　　　　　22

第二章　社會創新事業型態選擇 / 吳盈德、陳盈如　　27

　　一、有限公司　　　　　　　　　　　　　　　　29

　　二、股份有限公司　　　　　　　　　　　　　　32

　　三、閉鎖性股份有限公司　　　　　　　　　　　36

　　四、合作社　　　　　　　　　　　　　　　　　39

　　五、有限合夥　　　　　　　　　　　　　　　　46

第三章　社會創新事業的設立、負責人責任及
　　　　法律風險管理 / 朱德芳、陳言博　　　　　　53

　　一、章程制定　　　　　　　　　　　　　　　　55

CONTENTS

二、設立實務：設立文件與注意事項　74

三、公司治理與公司負責人責任　77

第四章　社會創新事業之資訊揭露／洪令家　91

一、公益名稱的揭露與預防漂綠危機　93

二、社會創新事業的業務資訊揭露　96

三、企業永續的資訊揭露　105

四、永續報告書編製標準與第三方驗證　107

第五章　社會創新事業修法建議／方元沂、江永禎　113

一、從共益、兼益公司法草案到社會創新組織平台　115

二、社會創新事業運作的障礙　120

三、訂定社會創新事業專法之必要　123

四、社會創新事業規範建議　126

第六章　永續發展與社會創新發展政策／康廷嶽　133

一、永續發展引導社會創新發展政策　135

二、英國社會創新發展與政策　144

三、歐盟社會創新發展與政策　　　　　151

四、美國社會創新發展與政策　　　　　156

五、新加坡社會創新發展與政策　　　　161

六、韓國社會創新發展與政策　　　　　167

七、我國社會創新發展與政策　　　　　177

八、本章小結　　　　　　　　　　　　187

第七章　　影響力投資與永續投資（ESG）
　　　　／吳道揆、陳一強、王儷玲　　　193

一、影響力投資之定義與核心特質　　　195

二、影響力投資的發展歷程　　　　　　197

三、影響力基礎論述　　　　　　　　　203

四、影響力投資、責任投資、ESG投資之比較　　206

五、影響力投資之迷思　　　　　　　　209

六、主題式影響力投資與SDGs的實踐　　216

七、影響力投資之全球趨勢　　　　　　220

八、影響力投資在台灣的發展　　　　　224

九、為有源頭活水來，用投資陪跑影響力的
　　社會實驗　　　　　　　　　　　　227

CONTENTS

第八章　企業整合社會創新行動的策略及影響力
／黃正忠、侯家楷、邱瑾凡　　235

一、不永續趨勢下的資本主義轉型——利害關係人
　　資本主義　　237

二、企業的積極性ESG實踐——社會創新行動　　241

三、實踐社會創新的前提、策略與行動方程式　　246

四、社會創新行動的非財務指標與揭露　　252

**第九章　非營利組織的社會創新實踐——以台北市
婦女新知協會為例**／蔣念祖　　261

一、前言　　263

二、企業社會責任的涵義和演進　　264

三、社會企業的意涵與社會創新　　270

四、企業社會責任報告書強化與
　　社會企業合作的契機　　275

五、台北市婦女新知協會之所屬新知工坊的由來與
　　社會創新　　286

六、結論　　298

第十章　社會創新實務案例──閉鎖性股份
　　　　有限公司 / 許又仁　　　　　　　　　　305

　　一、你想要成立的是營利還是非營利組織　　307

　　二、效率與民主化決策你喜歡哪一個　　　　308

　　三、怎樣才稱得上成立了一間社會企業　　　310

　　四、創業的契機與為什麼我們選擇「閉鎖性公司」
　　　　設立社會企業　　　　　　　　　　　　313

　　五、沃畝股份有限公司（元沛農坊）的近況　320

第一章

從傳統企業到社會創新事業的永續發展新趨勢

方元沂 *

一、社會創新與社會企業的發展和法律制度

二、社會創新與企業社會責任、ESG 的法律規範

三、社會創新與永續金融的政策與法律

四、社會創新與聯合國永續發展目標

---

* 中國文化大學法律學系教授兼永續創新學院院長。其他職務及經歷：中國
文化大學教務長、學務長、中國文化大學法律學系財經組主任、台北大學
法學院法律系、東吳大學法學院兼任教授、美國紐約州執業律師、金融評
議中心評議委員、中華民國仲裁協會仲裁人、證券櫃檯買賣中心上櫃審查
委員、台灣證券交易所上市審查委員、行政院國家發展委員會訴願審議委
員會委員。

摘要

近年來全球面臨氣候變遷、資本主義偏斜發展導致貧富差距加大等嚴峻社會與環境問題，如何推動包容性經濟發展，已成為先進國家發展的首要目標。其中，如何透過重塑資本市場力量更是關鍵的經濟工具，讓資本市場從營利與經濟發展為主要目的之導向轉為追求兼顧社會、環境利益，並讓所有不同類型的組織皆能發揮社會影響力。在這波改革中，國際上的主要趨勢是從推動社會創新與社會企業、強化一般企業的企業社會責任與 ESG 責任，到活化合作社及非營利組織商業化、推動永續金融鏈結永續發展目標等面向發展，本章針對社會創新與社會企業的發展和法律制度、社會創新與 CSR 及 ESG、永續金融到聯合國永續發展目標等相關重要議題來介紹。

學習點

1. 理解永續世代下追求包容性經濟成長趨勢的經濟法制工具
2. 理解公司企業社會責任（CSR）、ESG 與社會創新的概念
3. 理解公司型永續金融、社會創新與 2030 年聯合國永續發展目標 SDG

關鍵詞

企業社會責任（CSR）、ESG（環境、社會、治理）、社會創新與社會企業、永續金融、影響力投資、聯合國永續發展目標

一、社會創新與社會企業的發展和法律制度

在包容性經濟發展中，如何透過重塑資本市場力量是關鍵，要讓資本市場從營利與經濟發展為主要目的之導向轉為追求兼顧社會、環境利益，並讓所有不同類型的組織皆能發揮社會影響力。在這波改革中，目前國際上的主要趨勢是從推動社會創新與社會企業、強化一般企業的企業社會責任（Corporate Social Responsibility, CSR）與 ESG 責任、活化合作社到非營利組織商業化等面向發展，本節針對社會創新與社會企業的發展和法律制度來介紹。

首先，社會企業的定義，一般可分為廣義和狹義兩種，前者將社會企業的概念描繪為一道非常寬廣的光譜，在社會企業的範圍界定上較為寬鬆，強調在市場經濟之下，以商業方式解決社會或環境問題。至於後者，則為歐陸的社會企業概念，採用第三部門中狹義的定義，並偏重於民主參與及限制利潤分配的特質。

社會創新則是透過重塑市場經濟機制，促進公共利益，尋求永續發展的重要國際趨勢，其包含了社會企業發展、影響力投資等方向，並連結聯合國永續發展目標，解決貧富不均以及許多社會及環境的難題。廣義的社會企業係指運用創新的商業手法來解決社會問題，而社會創新可涵蓋社會企業，其係指運用科技、商業模式

等不同創新概念及方式，以改變社會各群體之間的相互關係，並從中找出解決社會問題之新途徑。社會創新是為了符合社會需求或解決社會問題所產生的一個新解決辦法或想法，是一個公民社會將社會資本投入的過程；形式包括產品、服務及模型的發展與實踐。

　　近年來透過發展社會企業與社會創新的政策及法律制度，來重塑市場機制對抗貧富不均，進而解決社會及環境難題，蔚為歐美英各國主流趨勢。在全球化自由貿易與資本主義的副作用交互影響下，許多國家失去工作的藍領和農民愈來愈多，而教育和技術門檻讓他們找不到新工作。經濟學家皮凱特的研究指出，在資本報酬率高於經濟成長率的機制下，全球經濟成長趨緩，貧富差距加大，於是富國內部貧富擴大、窮國無法脫貧。而近年來諾貝爾經濟學獎得主，如窮人銀行家尤努斯、研究對抗全球貧困問題的學者巴納吉、克里莫和杜芙洛，到提出改善拍賣理論和創新拍賣模式的學者米格羅姆和威爾森等，都是在尋求重塑市場機制，讓社會一起解決貧窮的「共益」思維。

　　藉由追求「共益」目的，重新思考商業與企業的本質亦已獲得國際上普遍的認同。事實上，在歷史發展上企業社會責任和社會企業的關係十分密切，從一開始的商業和公司皆係為公益而生，至公司以營利為目的，但須負有企業社會責任，以及近來發展社會使命為目的之

公司型社會企業，都顯示出對於商業本質及其對社會環境的影響，一直都是值得關切和探討的議題。美國、英國及德國等的公司法，隨著 16 世紀以公司爲國家掠奪海外殖民地資源、19 世紀工業革命資本家、20 世紀的股東至上主義資本家，演進到 21 世紀的與社會和環境共益的資本家的立法思維，早已擺脫上一世紀以股東利益和營利至上的舊思維，允許採用公司來經營非營利或兼顧社會利益的事業；並期待此能兼顧社會公平及公益，又能獲利的商業革命，能解決資本主義只重效率而忽略合理分配資源，造成貧富差距加劇和階級衝突的問題。

在美國，共益公司（Benefits Corporation）是其發展公司型社會創新組織的成功典範，目前全美已有 36 州及華盛頓特區通過相關立法，賦予有意將企業社會責任進化成兼顧社會、環境及經濟三重社會使命的公司法律地位，並要求公司負責人對其社會使命當責與揭露公益報告。由於此立法模式有助於社會創新規模化發展，全美已有超過一萬家的共益公司設立，並有十幾家成功上市櫃的共益公司。

在英國，最著名的公司型社會新組織類型則爲社區利益公司（Community Interest Company, CIC），CIC 的目的是追求實踐社區利益而不是營利或公司成員利益，其須經過「社區利益公司管理局」（The CIC

Regulator）評估通過「社區利益測試」（community interest test）後始得成立，並受有盈餘分派、績效利息以及資產轉讓的限制，每年揭露社區利益報告。目前有 2 萬 3,000 多家 CIC 企業，涵蓋健康、社福、交通及環保等範疇。

　　上述的公司型社會企業係指以公司組織的型態，透過商業方法來解決社會或環境問題為其公司目的之公司類型。進一步觀察，各國公司型社會企業之定義實與其對社會企業的概念相對應，而主要存有兩種態樣之立法模式，且並未強制認為這些皆屬於社會企業：一為置放於社會部門下，以英國 CIC 為代表，其規範嚴格，定義包含盈餘分派限制和資產鎖定，並配套政府政策性扶助與補助；二為市場導向，以美國共益公司為典範，低度規範搭配透明機制，引入市場資源，透過提供一個明確賦能和鼓勵「使命導向企業」的信號（signal），使大眾更容易識別這些企業，並附加更高的透明度要求，防止「洗綠」（Greenwash）。惟兩者可相輔相成而非互相排斥，如義大利兼納兩種型態立法方式。

　　至於在歐盟，社會創新運用於發展社會經濟（social economy），並解決歐洲面對的社會、環境等問題，如老齡化社會、移民潮、社會排除（social exclusion）及氣候變遷等難題。「社會經濟」用語源自法國，其用來定義政府以政策支持非以尋求股東獲利最大化之事業類

型，此類私營事業之成員集體努力實現經濟、社會或環境目標，以符合自身或更廣泛的社會利益。目前在歐盟，「社會經濟」一詞涵蓋各種類型組織，包括非營利組織、私人基金會、相互保險協會、慈善機構、協會、信用社、社會企業、社區利益公司、民間社會協會和若干各種形式的合作社（如義大利「工人合作社」或法國 SCOP Socié 合作社）。當今的社會經濟企業在歐盟蓬勃發展，在銀行、保險、食品零售、製藥和農業等產業，已經取得了巨大的市場占有率，而其在醫療保健、商務服務、教育和住房等領域也迅速崛起。

依據歐盟執行委員會（European Commission）在 2020 年的歐洲社會企業及其生態系統報告指出，社會企業在歐洲已經是社會經濟中相當重要的一部分。據統計，歐洲現今大約有 200 萬個社會經濟企業，雇用有 1,360 萬的就業人口，占歐洲整體的 6%。社會企業的存在，為歐洲各國的重要社會政策目標做出了貢獻，例如：替弱勢族群創造就業機會、發展包容性經濟、提倡平等、環境永續以及公民參與，同時也符合歐洲聯盟委員會所提出的 2019 年至 2024 年的優先目標。在歐盟，社會企業是「為人民服務的經濟」的最佳實踐。

在台灣，社會創新與社會企業的發展密切相連，我國社會企業的發展政策，從 2014 社企元年的「先行政，後立法」政策正式開始，而在近年來政府為因應國際間

的發展趨勢，於 2018 年 8 月公布的「行政院社會創新行動方案」，將狹義的社會企業概念開展成更多元包容的開放性社會創新概念，並將排除現行法規障礙與檢視新興議題之適法性納入工作重點。至於在立法調適的部分，仍有待進一步制定專法，目前的權宜之計，是以公司法第 1 條第 2 項「公司經營業務，應遵守法令及商業倫理規範，得採行增進公共利益之行為，以善盡其社會責任」，加上於第 393 條「公司章程經公司同意者，任何人得至主管機關查閱」。

此方案的缺點有別於兼益公司專章或節的強制自主揭露，而是採任意揭露方式，因此公司仍有洗綠的潛在可能，無法達到透過市場篩選的正向驅動力。又公司法第 1 條第 2 項就其立法理由觀之，其係解決所有公司企業社會責任的適法性問題，而非處理公司型社會企業的適法性，企業社會責任和社會企業雖關係密切，但其本質、內涵並不相同，因為企業社會責任僅是公司附帶行使的社會責任，並未將社會目的置於公司首要考量，因此日後還有待進一步釐清或修法調整。

值得一提的是，經濟部現階段係以行政指導方式，設立社會創新組織登錄平台，依社會創新組織登錄平台設置的規劃，其區分社會創新組織為非營利和營利組織兩大類型，非營利組織必須在平台揭露相關章程和報告書（含財務報表），其包含經主管機關許可並完成登記

的財團法人、社團法人、人民團體、合作社或儲蓄互助社；依農會法、漁會法、農田水利會組織通則所成立之農會、漁會、農田水利會；以及已獲教育部 USR 計畫核定通過之計畫辦公室。而營利組織則須揭露相關章程（合夥或有限合夥契約有關社會使命的部分）和報告書（含年度公益事項），其包含依公司法完成設立登記的無限公司、兩合公司、有限公司、股份有限公司；依商業登記法完成登記之獨資或合夥事業；依有限合夥法完成登記之有限合夥商號。

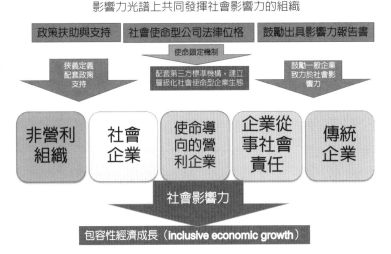

圖 1-1　社會創新組織的法制與政策目的

二、社會創新與企業社會責任、ESG 的 法律規範

　　社會創新與公司企業社會責任（CSR）的內涵雖然不同但密切相關，公司企業社會責任是為降低傳統營利公司在謀求公司股東最大利益時，對環境和社會利益所造成之傷害。而近年來 CSR 發展朝向更具焦點的 ESG 責任，並與氣候變遷與永續發展相呼應，成為各國政策關注的焦點與企業經營的關鍵指標。

　　由於資本主義崇尚股東利益，公司追求獲利最大化，容易把內部成本「外部化」讓他人承擔，造成環境和社會重大危害的例子更是屢見不鮮。有鑑於此種情況必須抑制，聯合國人權理事會在 2011 年通過了「聯合國工商企業與人權指導原則」（UNGPs），整合既有的國際人權標準，提出企業人權責任建議。UNGPs 指出，國家有尊重人權與保護基本自由的義務；企業有遵守法律及尊重人權的責任。人民權利受損時可獲得適當有效的救濟，國家與企業均應提供充分的救濟機制。

　　至於 ESG 責任，則是一種企業踐行 CSR 的方式，係指企業經營在創造獲利、以股東利益為主時，也應對環境（environment）社會（social）和治理（governance）負責任。而 ESG 責任投資是機構投資人將企業的 ESG 表現納入其投資評估決策中，以永續發展的能力，作為

是否投資的重要參考。ESG 分析本身不是一個結果，其將環境、社會和治理因素視爲決定投資的關鍵因素，並與預期獲利回報等傳統財務金融指標一起考慮。ESG 的根源可以追溯到社會責任投資（SRI），在 2000 年代初期，由於安隆公司倒閉等原因，納入治理因素，而後 SRI 轉變爲 ESG。

傳統上 ESG 因素通常被認爲是非金融性質的，因此當以狹義的方式定義受託人責任時，機構投資人不應在投資過程中考慮 ESG 因素，然而隨著社會和環境的發展，如此狹義的定義已不符國際發展潮流，在聯合國環境署的財務倡議（UNEP FI）2005 年的 Freshfields 報告中，即分析在主要經濟體的法律制度下，允許將 ESG 考慮因素納入投資分析來更精確預測財務業績。

而由聯合國支持的促進負責任投資的投資人網路提出的責任投資原則（The Principles for Responsible Investment, PRI），更進一步認爲基於受託人義務，受託人必須考慮 ESG 因素，以符合其忠實與謹愼義務，因爲 ESG 已是投資典範，具有財務上重大影響性，並且政策和監管框架正在發生變化，要求納入 ESG。

美國證券交易委員會已提案要求新規則 S-K 中增加一個全新的氣候揭露部分，大型上市公司更將被要求取得溫室氣體（GHG）排放指標揭露的認證。此外，規則 S-X 中提出了一項新條款，要求在財務報表附註中包

括某些與氣候相關的財務報表指標和相關揭露，接受獨立審計並適用財務報告內控的範疇。

而在歐盟，其已要求企業要揭露「非財務資訊」，提供企業運作的實地查核程序資料，當然也包括供應鏈與下游承包商的鏈結。以全程辨識、阻止、降低對社會環境傷害的可能性。歐洲議會司法委員會更在去年初通過了嚴格的「企業注意義務報告」，企業要說明如何避免在製造與經營過程中，對人權、環境造成負面影響：實地查核策略須納入「全部的價值創造鏈」。

在德國通過的「供應鏈企業責任法」，則要求大型公司應盡責調查，保證商品、服務與間接供應商不得違反人權、安全及環境規範，一旦違規，將處以年收入 2% 的高額罰款。2023 年上路後，將適用於員工數超過 3,000 人的企業：2024 年適用於 1,000 人以上的企業，並涵蓋所有在德國設分廠或子公司的外國企業。此外，企業供應鏈內有無雇用童工、薪資水平是否有失公允、是否破壞生態等，都將是未來德國大型企業經營者的注意義務範圍。企業更必須建立機制，以契約來要求境外供應商同步遵守。

此外，由於 ESG 已成為投資人的重要投資參考標準，為了能更準確反映 ESG 的問題，愈來愈多的評分機構開始提供 ESG 評級分數，其通常是基於公司自願的自我揭露和部分數據，透過訂立評分系統來計算一

間公司的 ESG 分數，像是 Bloomberg、MSCI、S&P SAM、ISS ESG 等都是知名的 ESG 評級機構。

　　在台灣，金管會跟上國際資本市場潮流，提出「公司治理 3.0 永續發展藍圖」，規劃自 2023 年，資本額 20 億元以上的上市櫃公司必須撰寫「永續報告書」（原稱企業社會責任 CSR 報告書），其中食品業、化學工業及金融保險業的永續報告書要取得第三方驗證。此外，金管會也修正了「公開發行公司年報應行記載事項準則」，增訂 ESG 資訊揭露指引，要求公司揭露對投入重要環境社會議題的具體量化資訊。在台灣證券交易所的「機構投資人盡職治理守則」第五章中，規定機構投資人肩負盡職治理責任，宜將被投資公司在 ESG 之風險與績效納入考量，整合於投資流程與決策中，並與被投資公司進行建設性之溝通及互動等議合作為，促進被投資公司之永續發展，進而提升客戶長期利益，並對整體人類社會帶來正面影響。

　　至於在社會企業與企業 ESG 的連結部分，雖然前者將公司照顧社會或環境之使命宣告並鎖定於公司章程內，比「企業 ESG」承擔了更為對等的責任與義務，但因社會企業不以獲利，而以解決社會或環境問題目的為主，負擔較高經營成本，故良好的資金與市場的支持，往往是社會企業經營成敗的關鍵。而在目前政策與法規的影響下，掌握資本市場重要資金來源的金融投資機構

或是大型上市櫃公司，除財務利潤表現外，也需要追求
ESG 所彰顯的永續發展能力，故會透過購買、投資或
捐贈等方式，來支持有助於提高其 ESG 指標的社會企
業，而為社會企業創造新商機。因此，ESG 責任投資對
於社會企業的資金來源與市場影響重大，為其帶來新的
商機與挑戰。

實例　RCA 環境汙染案與企業的社會責任

　　1970 年，生產電子和家電產品的 RCA 來台設廠，
曾是台灣代工外銷的成功指標，但 RCA 在 1986 年被美
國奇異公司併購，然而在 1988 年法國湯姆笙公司向奇
異公司取得 RCA 桃園廠產權時，發現 RCA 長期把有
機化學廢料排入廠區，湯姆笙公司在 1992 年關廠，並
把所有權出售給宏億建設。而這一切直到 1994 年立委
召開記者會舉發，社會大眾才得知 RCA 竟然長期傾倒
有毒廢料，並造成環境汙染與勞工罹癌。但 RCA 卻早
在事件曝光前，把存放在國外銀行帳戶的資金匯款到母
公司所在的法國銀行，在台資產所剩無幾，相關損害也
無法賠償。台灣最高法院在 2018 年做出了對職災勞工
有利的關鍵判決，法院認定奇異公司、湯姆笙公司等控
制公司，惡意脫產、規避債務，應依「揭穿公司面紗原
則」，排除股東對公司債務的有限責任，要求股東必須
對 RCA 造成的損害負連帶賠償責任。在時效認定上，

法院也認為勞工發病潛伏期長，即使超過了 10 年的起訴期間，仍可請求賠償。受害員工亦無須提出罹癌跟有機溶劑有關的證明，而是以科學研究佐證，RCA 使用的 31 種有害化學物質具有高致癌風險，員工的確因暴露在環境中罹癌，將舉證責任轉置給 RCA。

三、社會創新與永續金融的政策與法律

　　「永續金融」（Sustainable Finance）係指投資人在做金融投資決定時考慮環境（如減緩氣候變遷、維護生物多樣性、預防汙染與循環經濟等）、社會（如勞工關係、社區關係、人權議題等）與治理（管理結構、勞資關係、管理階層薪酬等）要素，將長期投資導入有利於永續發展的經濟活動與項目。

　　「永續金融」的目的，是希望運用資本市場的力量，驅使企業轉向發展「綠色經濟」，從而解決氣候變遷所導致環境惡化的衝擊與資本主義偏斜下的不公平。因此，如何避免因綠色商機巨大利益而衍生的「洗綠」或「漂綠」的欺騙行為或行銷手法，而扭曲了「永續金融」的初衷與發展，就變得至為重要。

　　永續金融的重要國際規範有 1999 年聯合國全球盟

約、2003 年赤道原則（Equator Principles）、2006 年聯合國責任投資原則（PRI）、2019 年聯合國責任銀行原則等。分別介紹如下：

　　1999 年聯合國全球盟約是聯合國秘書長安南（Kofi Annan）在世界經濟論壇中首次提出，是當今全球最大的企業永續自願性倡議，在 160 個國家中，超過 13,000 家公司和其他利害關係人參與。其十大原則為：（人權相關）（一）企業界應支持並尊重國際公認的人權；（二）保證不與踐踏人權者同流合汙；（三）企業界應支持結社自由及切實承認集體談判權；（勞工標準相關）（四）消除一切形式的強迫和強制勞動；（五）確實廢除童工；（六）消除就業和職業方面的歧視；（環境相關）（七）企業界應支持採用預防性方法應付環境挑戰；（八）採取主動行動促進在環境方面更負責任的做法；（九）鼓勵開發和推廣環境友好型技術；（反貪腐相關）（十）企業界應努力反對一切形式的腐敗，包含敲詐與賄賂。

　　赤道原則是綠色金融中最常採用的金融機構自律原則之一，其是在 2003 年 6 月由花旗集團、荷蘭銀行、巴克萊銀行與西德意志銀行等銀行所制定，採用世界銀行的環境保護標準與國際金融公司的社會責任方針的金融實務（de facto）準則，用以協助銀行及投資人了解在投融資過程中納入有益環境保護的考量，在融資過程

中決定、衡量以及管理社會及環境風險，以進行專案融資（project finance）或信用緊縮的管理。至今全球已超過 60 家金融機構宣布採納赤道原則，包括花旗、渣打、匯豐等大型跨國銀行已實行。其十大原則為：（一）審查與分類原則；（二）環境和社會評估；（三）適用的環境和社會標準；（四）環境和社會管理體系以及赤道原則行動計畫；（五）利益相關者的參與；（六）投訴機制；（七）獨立審查；（八）承諾性條款；（九）獨立監測和報告；（十）報告和透明度。

2006 年聯合國責任投資原則，亦為聯合國前秘書長安南在 2005 年所發起的一項倡議行動，邀請全球大型機構投資人參與制定責任投資原則，該原則之目標是設計一套全球通行的架構，將環境、社會與治理（ESG）之永續議題整合到投資策略中，全球超過 2,300 家金融機構簽署 PRI。其六大原則為：（一）將 ESG 議題納入投資分析和決策過程；（二）當積極所有權者，將 ESG 議題整合至所有權政策與實踐；（三）要求投資機構適當揭露 ESG 資訊；（四）促進投資產業接受並實施 PRI 原則；（五）建立合作機制，提升 PRI 原則實施的效能；（六）彙報 PRI 原則實施的活動與進程。

2019 年聯合國責任銀行原則於 2019 年 9 月發布，由資產總規模高達 47 兆美元、來自 49 個國家的 130 家銀行所推動，為銀行訂定永續金融架構一致性的框架，

針對銀行業務層面融入永續發展之元素，協助相關銀行為永續社會做出積極貢獻，以利於實現聯合國 2030 年永續發展目標及巴黎協議目標。

此外，落實 ESG 的透明揭露是杜絕洗綠的關鍵。歐盟透過制定相關法規提高 ESG 治理與公開性，例如在金融服務業永續相關的揭露規章部分，要求金融市場參與者與財務顧問應遵守透明規則，納入永續風險；在設計金融商品時，要考慮不利於永續的衝擊與提供對金融商品相關的永續資訊；其揭露義務還包括應揭露對永續投資的不利影響、不利於環境與社會實質的負面影響，例如投資的資產汙染水源或破壞生物多樣性等均應揭露，以確保投資的永續性。

此外，歐盟公布了「減緩氣候變遷分類規章」，建立一套永續金融分類的統一標準。歐盟要求大型上市公司必須揭露更明確的 ESG 資料，將 ESG 的考慮納入投資諮詢和投資組合管理，而造假洗綠的企業則負有嚴重的法律責任。

目前國際上之企業永續資訊揭露規範有 GRI、SASB、TCFD 等。全球永續性報告協會（Global Reporting Initiative, GRI）為獨立的國際性組織，GRI 成立於 1997 年，總部在荷蘭阿姆斯特丹。其於 2016 年推出 GRI 永續性報導準則，通用揭露標準分為基礎資訊（GRI 101）：依循 GRI 標準、如何使用與引用 GRI

標準：一般揭露（GRI 102）：組織概況、策略、倫理與誠信、治理、利害關係人溝通及報告流程；管理方針（GRI 103）：如何管理重大主題，並且可選擇經濟、環境、社會特定主題為標準。

永續會計準則委員會（Sustainability Accounting Standards Board, SASB）於 2011 年在美國舊金山成立，為非營利永續會計準則機構。SASB 建立全面、完整，且質量化並行的永續資訊揭露標準，結合 ESG 各面向指標，提供投資人的資訊需求，讓企業展現長期績效與價值。其於 2018 年公布了涵蓋五大面向、11 項產業別、77 項行業別與 26 項通用 ESG 議題的「重大性地圖索引」（Materiality Map），列出可能影響企業財務狀況與營運績效的 ESG 議題。

氣候相關財務揭露工作小組（Taskforce on Climate-related Financial Disclosures, TCFD）於 2015 年聯合國氣候變遷大會期間，由「金融穩定委員會」（FSB）成立。TCFD 主要是推動一致的氣候相關財務資訊揭露建議，以幫助企業或組織的利害關係人了解重大風險，並穩定全球金融體系，其財務資訊揭露資訊包括：治理（governance）、策略（strategy）、風險管理（risk management）、指標和目標（metrics and targets）。

值得一提的是，有鑑於整合企業永續資訊揭露準則的迫切需求，國際財務報導準則基金會（IFRS

Foundation）於第 26 屆聯合國氣候變遷大會（COP 26）會議期間，宣布正式成立「國際永續準則委員會」（International Sustainability Standards Board, ISSB），組織整合併入了「氣候揭露準則委員會」（Climate Disclosure Standards Board, CDSB）及「價值報導基金會」（Value Reporting Foundation, VRF），SASB 也於 2020 年底加入合作，ISSB 並於 2021 年 11 月，宣布將制定一套適用全球性的資訊揭露標準，來滿足投資人需求。

ISSB 的揭露標準草稿（prototype）分為下述兩種：
（一）「一般性揭露」（IFRS S1 General Requirements for Disclosure of Sustainability related Financial Information）：公開的資訊需要與 ESG 的重大風險和機會相關，以利財報分析人員得以做出有效的決策。此外，也需要進一步強調非財務績效在短、中、長期內，如何影響財務表現和現金流量的關係。非財務資訊的揭露邊界與發布頻率需與財報一致，且企業組織須同時考量到價值鏈（value chain）所影響之相關風險與機會；
（二）「氣候相關資訊揭露」（IFRS S2 Climate-related Disclosures）：要求企業組織揭露應對氣候變遷之相關風險與機會，揭露資訊需有助於第三方評估當企業組織遇到氣候風險議題時的韌性程度。揭露範圍包括：轉型風險與實體風險。行業披露要求則於附件中沿用 SASB

11 個行業別、77 個行業子分類的內容，並逐一說明各行業揭露指標。

　　目前我國金管會致力推動「綠色金融行動方案」政策，大力發展「永續金融」，在前期「綠色金融行動方案 2.0」，著重落實 ESG 透明揭露的部分，目前針對「漂綠基金」的問題，訂有八大揭露監理原則（投資目標與衡量標準、投資策略與方法、投資比例配置、參考績效指標、排除政策、風險警語、盡職治理參與、定期揭露）。金管會並朝比照歐盟訂出永續金融分類標準的方向逐步推動，要求上市櫃公司、金融業依此統一定義揭露，供投資人參考與投資。在最新的「綠色金融行動方案 3.0」中，則強調金融機構碳盤查及氣候風險管理、發展永續經濟活動認定指引、促進 ESG 及氣候相關資訊整合、強化永續金融專業訓練，以及協力合作凝聚淨零共識。台灣證券交易所於 2022 年 9 月公告修訂「上市公司編製與申報企業社會責任報告書作業辦法」，要求符合一定規模之上市公司，參考 GRI、SASB、TCFD 等國際準則，自 2023 年起編製與申報 2022 年永續報告書。

　　永續金融與 ESG 責任投資是主流資本市場的大趨勢，面對氣候變遷難題，與追求利益至上的傳統經濟模式，所帶來的社會和環境問題，聯合國除於 2006 年即提出責任投資原則，將 ESG 納入投資決策外，更於

2015 年啓動 17 項永續發展目標（SDGs）中，涵蓋金融永續發展的 ESG 議題。永續金融政策若能與社會創新政策相輔相成，促進公私協作，與影響力投資一同支持社會創新組織，將有助於發展良好社會創新生態系。

四、社會創新與聯合國永續發展目標

　　永續發展（sustainable development）這個字首次正式進入聯合國發展議程，是在 2012 年 Rio+20，爲檢視 1992 年第一次聯合國環境發展會議 20 年來的進度而提出。爲因應氣候變遷、經濟平權、貧富差距等社會及環境難題挑戰，聯合國於 2015 年提出 17 項永續發展目標（SDGs），取代先前提出的八項千禧年發展目標，其包含 169 項追蹤指標，希望在 2030 年能達成兼顧「經濟成長」、「社會進步」與「環境保護」的全球發展。

　　聯合國大會（United Nations General Assembly）通過 SDGs 17 項目標爲：（一）消除各地一切形式的貧窮；（二）消除飢餓，達成糧食安全，改善營養及促進永續農業；（三）確保健康及促進各年齡層的福祉；（四）確保有教無類、公平以及高品質的教育，並提倡終身學習；（五）實現性別平等，並賦予婦女權力；（六）確保所有人都能享有水、衛生及其永續管理；（七）確保所

有的人都可取得負擔得起、可靠的、永續的及現代的能源；（八）促進包容且永續的經濟成長，達到全面且有生產力的就業，讓每一個人都有一份好工作；（九）建立具有韌性的基礎建設，促進包容且永續的工業，並加速創新；（十）減少國內及國家間不平等；（十一）促使城市與人類居住具包容、安全、韌性及永續性；（十二）確保永續消費及生產模式；（十三）採取緊急措施以因應氣候變遷及其影響；（十四）保育及永續利用海洋與海洋資源，以確保永續發展；（十五）保護、維護及促進陸域生態系統的永續使用，永續地管理森林，對抗沙漠化，終止及逆轉土地劣化，並遏止生物多樣性的喪失；（十六）促進和平且包容的社會，以落實永續發展；提供司法管道給所有人；在所有階層建立有效的、負責的且包容的制度；（十七）強化永續發展執行方法及活化永續發展全球夥伴關係。

　　在社會創新與 SDGs 連結的部分，世界經濟論壇（World Economic Forum, WEF）指出社會創新的發展目標為包容性經濟發展（inclusive economic growth），並運用市場導向方式（market-based approach）來解決社會、環境問題，其與 SDGs 能相互呼應。

　　在台灣社會創新組織登錄平台中，則要求登錄組織的目的要能與 SDGs 相連結，行政院的社會創新行動政策亦與我國推展 SDGs 鏈結。而在產官學研議推動社會

創新事業專法的建議部分，亦包含透過專法架構新市場規則，賦予社會創新事業法律地位，鼓勵非營利組織創新事業導入企業經營與治理模式，而營利組織納入共（兼）益公司法草案的精神，導入鎖定社會使命並允許分配利潤的共益經營模式，並在要求事業經營者當責的同時，降低其經營風險；其次，引入彈性分級的陽光揭露與監督執行機制，以促進社會創新事業自律，使其社會影響力的使命長久永續。並鏈結聯合國 SDGs，以吸引更多的資源、資金及力量挹注，創造更為巨大的社會影響力。

思考小練習

1. A 公司為資本額超過 20 億的上市公司，其公司是以營利為其經營目的，公司董事甲問：除依法繳稅外，A 公司是否需要負企業社會責任？若要負責，公司的社會責任要如何評估？

2. 甲為 A 股份有限公司（下稱 A 公司）之創辦人，其在公司設立時，即表示其是因有感於弱勢兒童教育的不足，想成立 A 公司來提供弱勢兒童的教育輔導與培育，甲並宣示 A 公司將以弱勢家庭兒童教育服務為公司目的，若公司有盈餘時，將保留 50% 盈餘不分派，並將之捐給弱勢兒童福利相關之非營利組織。乙為 A 公司設立後加入之股東，控制 A 公司 60% 之股份。由於乙有

感於公司經營多年，仍未有獲利，遂主張應修改 A 公司之經營模式，特別是取消保留 50% 盈餘不分派的限制，並揚言若甲不取消該限制，將撤換公司經營者甲。試問甲在公司設立時有何方法來確保公司的社會使命，避免日後股東之質疑和挑戰？

延伸閱讀

- 公司法全盤修正修法委員會，第三部分修法建議第四章公司設立、登記、組織轉換，http://www.scocar.org.tw。
- 方元沂、江永楨，社會使命型企業──社會企業概念分析及修法芻議，華岡法粹，第 63 期，2017 年 12 月，頁 67-129。
- 方元沂，從「社會企業」到「社會創新」，臺灣社創的難題？會計研究月刊，第 425 期，2021 年 4 月，頁 64-68。
- 托瑪・皮凱提，二十一世紀資本論，衛城，2022 年 11 月 30 日。
- 社企流、願景工程基金會，永續力：台灣第一本「永續發展」實戰聖經！一次掌握熱門永續新知＋關鍵字，果力文化，2022 年 11 月 7 日。
- 喬治・塞拉分，目的與獲利：ESG 大師塞拉分的企業永續發展策略，天下文化，2022 年 8 月 31 日。
- 楊岳平，新公司法與企業社會責任的過去與未來──我國法下企業社會責任理論的立法架構與法院實務，中正

財經法學，第 18 期，2019 年 1 月，頁 43-91。

- 瑞貝卡・韓德森，重新想像資本主義：全面實踐 ESG，打造永續新商模（Reimagining Capitalism in a World on Fire），天下雜誌，2021 年 8 月 25 日。
- 蔡昌憲，從公司法第一條修正談公司治理之內外部機制——兼論企業社會責任的推動模式，成大法學，第 36 期，2018 年 12 月，頁 89-153。
- 賴英照，公司治理：為誰而治理？為何而治理？萬國法律，第 155 期，2007 年 10 月，頁 2-15。
- 賴英照，從尤努斯到巴菲特——公司社會責任的基本問題，台灣本土法學雜誌，第 93 期，2007 年 4 月，頁 150-180。

社會創新事業型態選擇

吳盈德[*]、陳盈如[**]

一、有限公司
二、股份有限公司
三、閉鎖性股份有限公司
四、合作社
五、有限合夥

---

[*] 中國文化大學法學院院長兼系主任。
[**] 輔仁大學法律學院副教授。

摘要

要創立社會創新事業，首先要面對的即是事業之型態選擇。傳統上，我們將非政府組織劃分成營利與非營利，如果是非營利組織，通常係為解決一特定社會或環境問題所設立，其經營不以獲利為目的，而其收入來源經常是來自於政府補助或私人之自願性捐款。而捐款的另一層意義，即為捐款人並不期待其付出會有金錢上的回報，最多是稅捐上之減免。由此意義可知，非營利組織經營一般都較為困難。惟近年來，各國開始藉由社會創新企業，以商業模式解決社會或環境問題。而我國公司法第 1 條在 2018 年修法後，除第 1 項規定公司係以營利為目的之社團法人外，第 2 項增加：「公司經營業務，應遵守法令及商業倫理規範，得採行增進公共利益之行為，以善盡其社會責任。」賦予我國社會創新事業在組織選擇上更大的空間。本章節將介紹數種社會創新事業得選擇之組織型態，供社會創新事業設立參考。

學習點

1. 理解社會創新事業得選擇之組織型態
2. 理解各類組織型態之優缺點
3. 選擇最適合之組織型態

關鍵詞

社會創新、社會企業、股份有限公司、有限公司、稅務優惠、合作社、閉鎖性股份有限公司、非營利組織

一、有限公司

（一）簡介

　　依據公司法第 2 條規定，有限公司是由一人以上股東所組織，股東對公司所負之責任就其出資額為限。有限公司適合規模較小、股東人數較少的公司，中小型企業許多屬於有限公司。

（二）組織型態特色

　　有限公司與股份有限公司需有兩位以上自然人股東之要求不同，有限公司股東最低人數僅需一人，且無股東人數上限之限制。股東之職責僅為出資，而出資之方式依照公司法第 99 條之 1 規定：「股東之出資除現金外，得以對公司所有之貨幣債權、公司事業所需之財產或技術抵充之。」但不得以勞務出資，且有限公司具閉鎖性質，不得對外招募資金。有限公司與股份有限公司之授權資本制有異，公司章程應載明公司資本總額，且資本總額應由各股東全部繳足，不得分期繳款。

　　依公司法第 108 條第 1 項，有限公司的業務機關為董事，有限公司應至少設置董事一人執行業務並代表公司，最多設置董事三人，應經三分之二以上股東同意，從有行為能力的股東中選任，董事如果有數人，則可依章程特定一人為董事長，董事長為對外代表公司之人。

有限公司無監察人之設置，亦無股東會制度，有限公司的意思機關爲全體股東，監督亦由股東進行。因此公司法第 109 條規定，不執行業務之股東，均得行使監察權，亦即非董事之股東皆有行使監督之權利。而股東表決權之行使依照公司法第 102 條之規定，原則上每一股東不問出資多寡，均有一表決權，但得以章程訂定按出資多寡比例分配表決權。

此外，有限公司之股權轉讓設有限制，公司法第111 條規定：「股東非得其他股東表決權過半數之同意，不得以其出資之全部或一部，轉讓於他人（第 1項）。董事非得其他股東表決權三分之二以上之同意，不得以其出資之全部或一部，轉讓於他人（第 2 項）。前二項轉讓，不同意之股東有優先受讓權；如不承受，視爲同意轉讓，並同意修改章程有關股東及其出資額事項（第 3 項）。」

（三）優缺點分析

有限公司只要一位股東就可以成立，不必設置監察人，在設置上較爲便利；如果有限公司的股東有二人以上時，想要將股權轉讓也必須要經過其他股東的同意，股權結構相對比較穩定。適用於規模較小、股東人數較少的公司。由一人以上股東所組成，股東組成人數較簡單，但是當要進行股份轉讓時，需要經過其他股東表決

權過半數之同意，且採股東經營公司，其重要議案（變更章程、解散等）需全體股東表決權三分之二以上同意，較不適合公司後續之成長擴張。

優點：

1. 公司組成簡單，且具有獨立的法人格，可獨自進行法律行為。
2. 公司規模擴大時，無需更改公司商標與名稱，即可以轉換為股份有限公司。
3. 經營上，基本上股東同意，董事掌握經營，無任期限制，維持成本較低。且經營與所有合一，可降低代理成本之問題。
4. 除章程另有規定，不論出資多寡，每人均有表決權。股東對公司所負之責任，僅以出資額為限，責任有限。

缺點：

1. 公司董事必須由股東擔任以執行業務並代表公司，且所有股東皆得行使監察權，可能導致經營上意見較為紛雜。
2. 公司股權以出資額認定，出資額轉讓需得其他股東同意，且在經營與所有合一之情況下，公司之規模較難擴大，募資也相對困難。
3. 主管機關規定較多，須遵守公司法及相關規定。

4. 仍受公司法之規範，辦理各項登記時，手續較繁雜、成本較高昂，包括公司解散時，仍須按規定進行清算。

二、股份有限公司

（一）簡介

　　公司法第 2 條規定，指二人以上自然人股東或政府、法人股東一人所組織，全部資本分為股份；股東就其所認股份，對公司負其責任之公司。相較於有限公司，通常股份有限公司的規模較大、股東人數較多，公司治理較嚴謹。股份有限公司亦有機會透過公開發行、興櫃、上櫃與上市發行股份募集資金，並使公司股票得於公開市場交易。

（二）組織型態特色

　　股份有限公司，公司必要機關除董事會外，另有股東會與監察人，董事會中至少需三位以上的董事。按公司法第 195 條規定，董事任期不得逾三年，但得連選連任。董事會係一會議體機關，依照公司法第 202 條規定，公司業務之執行，除本法或章程規定應由股東會決議之事項外，均應由董事會決議行之。在股份有限公司中，其係採經營與所有分離，董事不必然具備股東身

分，且對公司之多數經營決策有決定之權限。股東得選任董事，但對一般公司經營決策，則委由董事會決定，股東並無決策權限。股東權利之行使，按公司法第179條第1項規定：「公司各股東，除本法另有規定外，每股有一表決權。」並依第198條第1項累積投票制選舉董事，並不以具有股東身分為限。此外，股份有限公司設有監察人，監察人若有數人時，監察人各得單獨行使職權。監察人之職權依公司法第218條規定，應監督公司業務之執行，並得隨時調查公司業務及財務狀況，查核、抄錄或複製簿冊文件，並得請求董事會或經理人提出報告。

股份有限公司之公司股份轉讓，根據公司法第163條，除公司法另有規定外，不得以章程禁止或限制之。此與有限公司不同，股東得隨時自由轉讓其持股，不須取得其他股東之同意。

（三）優缺點分析

設立股份有限公司的股東人數，需有二位股東（自然人），或是有一位法人股東即可成立，相對於有限公司，股份有限公司有股東會之規定，且至少要設置一位監察人，對於公司治理來說比較嚴謹。另外，公司法第163條前段規定，公司股份之轉讓，不得以章程禁止或限制之，比起有限公司來說，股份轉讓的自由度更高，

適用於有意擴大股東與股份發行數量之公司。

優點：

1. 當公司持續成長，公司可申請上市櫃，而股東可自由轉讓持股，較容易吸引投資，有助於公司募資。

2. 以董事會爲決策中心，採經營與所有分離，董事並非必須爲股東，將有助於公司的專業經營與效率。

3. 股權激勵可作爲穩健的薪酬，吸引優秀人才到公司任職。

缺點：

1. 有董事會、股東會與監察人之設置要求，組織較爲龐雜，相對維持成本也較高。

2. 公司經營以合議制爲主，需經過董事會、股東會決議，且須遵循之法律規範亦較有限公司多，經營成本較高。經營與所有分離情況下，代理成本亦會隨之提高。

3. 受公司法規範之限制，辦理各項登記時，手續較繁雜、成本較高昂，包括公司解散時，仍須按規定進行清算。

實例

　　根據經濟部公司登記資料顯示，睿能創意（Gogoro）為一股份有限公司，Gogoro成立於2011年，公司宗旨係為城市提供永續移動解決方案，也是全球電池交換生態系統的技術領導者，Gogoro於2022年4月宣布與美國Poema Global合併，合併案於各自的臨時股東大會核可後，4月4日雙方合併業務正式完成。合併後Gogoro Inc.為續存的公司，並於紐約時間4月5日正式以股票代碼「GGR」、認股權證代碼「GGROW」，在美國納斯達克（Nasdaq）交易所開始交易。Gogoro成為首家台灣新創公司在美國成功上市的獨角獸（公司市值超過10億美元），也是台灣有史以來第一家透過SPAC方式在海外股票交易市場上市的公司，更是睽違16年，再次登上美國納斯達克交易所的台灣科技品牌[1]。股份有限公司藉由公開發行進而掛牌上市，除有助於募資外，亦有助於企業品牌形象建立。Gogoro創辦人表示，其選擇赴美上市有三大原因：第一，合作車廠中國的雅迪、印度的Hero都是上市公司，他們必須確認合作夥伴的公司治理能力、透明度、財務靈活度，而納斯達克是全球嚴格的金融監管機構，Gogoro掛牌有助於雙方合作資格對等；第二，若要擴大市場就需要資金，

1　Gogoro官網，https://www.gogoro.com/tw/news/2022-04-06-gogoro-debuts-nasdaq-ggr/，最後瀏覽日期：2023年4月6日。

像是 Gogoro 將在印度攜手當地最大機車製造商 Hero MotoCorp，成立智慧電池交換網路的合資公司，若未上市，籌資速度將不如上市募資快速靈活；第三，建立 Gogoro 與全球資本市場的連結後，可以為夥伴打開大門。「我們有太多合作夥伴想要投資（Gogoro），需要有一個平台讓他們投資[2]。」上述優勢都是股份有限公司所特有。

三、閉鎖性股份有限公司

（一）簡介

依公司法第 356 條之 1 規定，閉鎖性股份有限公司，指股東人數不超過 50 人，並於章程定有股份轉讓限制之非公開發行股票公司。因新創團隊成員通常缺乏資金，因此對於閉鎖性股份有限公司設立時，允許股東以不同方式出資，除現行現金、技術外，在一定比例下，允許股東得以勞務或信用方式出資。但以勞務抵充之股數，不得超過公司發行股份總數之一定比例。

閉鎖性股份有限公司經有代表已發行股份總數三分

2　同前註。

之二以上股東出席之股東會，以出席股東表決權過半數之同意，亦可變更爲一般（非閉鎖性）股份有限公司。

（二）組織型態特色

閉鎖性公司是股份有限公司下的特別型態，以專節特別規範之。閉鎖性公司優先適用閉鎖性公司的專節，規定閉鎖性公司股東人數不得超過 50 人，即使經由證券主管機關許可之證券商經營股權群眾募資平台向一般投資大眾募資（公司法第 356 條之 4 第 1 項但書）、私募轉換公司債或附認股權公司債，債權人行使轉換或認股權（公司法 356 條之 11 第 3 項）後，股東人數仍不得超過 50 人。另依公司法第 356 條之 8 規定，可簡化公司治理程序，以視訊會議召開股東會或由股東書面行使表決權而不召開股東會。閉鎖性股份有限公司得以章程明定股份轉讓之限制，使股權不會流入股東以外之人持有。而公司得以章程明文排除適用一般股份有限公司選任董監事時之累積投票制，改採其他選舉方式，增加公司運作上之彈性。此外，公司股東出資得以現金、財產、技術或勞務出資，出資方式多元，使新創團隊即使非公司最大之出資者，仍得以不同方式出資取得股權。再者，公司發行新股時，也可直接洽定特定人認購，無須如一般股份有限公司須由原股東與員工優先認購，股權安排更具彈性。

（三）優缺點分析

　　通常選擇閉鎖性公司的原因，可能在於鞏固經營權，若因資金需求需引進新股東，又想保有經營權，可以透過技術與勞務出資，或複數表決權特別股等安排保障資金較少的股東，也能夠以章程限制股份轉讓，但對創投或其他投資人來說，無法自由轉讓股份容易降低投資的意願。

優點：

1. 公司章程上可明定對股份轉讓的限制，且股份不得公開發行，避免股份外流。

2. 多元出資方式與特別股之設計，將可使新創事業之創辦人或團隊即使非最大資金提供者，仍可藉由多元出資方式或特別股之設計取得一定比例股權或表決權數。

3. 公司治理機制較為自主彈性，如發行複數表決權或否決權之特別股、股東間訂定表決權拘束契約及成立表決權信託、股東視訊及書面會議、排除累積選舉制法等，使經營權集中而具效率。

缺點：

　　不能公開發行且得限制股份轉讓的兩大特點，除非找到特定人，並答應日後轉型為股票上市櫃公司，不然較難獲得投資資金。

實例

　　請見本書第十章「社會創新實務案例──閉鎖性股份有限公司」。

四、合作社

（一）簡介

　　我國憲法第 145 條第 2 項規定：「合作事業應受國家之獎勵與扶助。」我國規範合作社之法規主要為合作社法，該法第 1 條第 2 項對於「合作社」之定義為：「依平等原則，在互助組織之基礎上，以共同經營方法，謀社員經濟之利益與生活之改善，而其社員人數及股金總額均可變動之團體。」而合作社為一法人，有獨立法人格，得單獨享受權利、負擔義務。

　　合作社是國內社會和經濟組織的一環，導源於經濟弱勢者為了本身的權益，而必須結合在一起的互助團體，故任何有共同需要和意願的行為人都可以自由入社，謀求社員最大的利益，同時也可以依自由意識退社[3]。

3　立法院，合作社法相關問題探討與修法方向研析，2010 年 11 月，https:// www.ly.gov.tw/Pages/Detail.aspx?nodeid=6586&pid=84200，最後瀏覽日期：2023 年 2 月 28 日。

（二）組織型態特色

1. 業務經營

　　合作社法第 3 條規定，合作社係因共同需求而籌組，可以從事各類業務 [4]，但合作社經營之業務以提供「社員使用」為限。例外在政府、公益團體委託代辦及為合作社發展需要，得提供非社員使用。而供非社員使用應受下列限制：(1) 政府、公益團體委託代辦業務須經主管機關許可，且非社員使用不得超過營業額 50%；(2) 為合作社發展需要提供非社員使用之業務，不得超過營業額 30%。此外，提供非社員使用之收益，應提列為公積金及公益金，不得分配予社員 [5]。

2. 合作社社員資格與人數

　　合作社之籌組，需有七個以上的發起人發起籌組，擬定「合作社發起組織申請書」、「發起人名冊」、「合作社籌組計畫書」向主管機關提出申請，經主管機關核准申請後開始進行合作教育與進行籌備、舉行成立大會。

　　具有下列情形或資格之一者，得為合作社社員：(1)

4　合作社法第 3 條，合作社得經營之業務包含合作社係因共同需求而籌組，可以經營之業務包含生產、運銷、供給、利用、勞動、消費、公用、運輸、信用、保險與其他經中央主管機關會商中央目的事業主管機關核定之業務。

5　合作社法第 3 條之 1。

有行為能力；(2) 受輔助宣告之人經輔助人書面同意。具有下列情形或資格之一者，得依章程規定申請為有限責任合作社準社員：(1) 六歲以上之無行為能力人，經法定代理人代為申請；(2) 限制行為能力人，經法定代理人書面同意；(3) 不具章程規定社員資格之有行為能力人。準社員除無選舉權、被選舉權、罷免權及表決權外，其權利、義務與社員同。

　　合作社成立後，自願入社者，應有社員二人以上之介紹，或以書面請求，依下列規定決定之：(1) 加入有限責任或保證責任合作社，應經理事會之同意，並報告社員大會；(2) 加入無限責任合作社，應由社務會提經社員大會出席社員四分之三以上之通過。新加入之社員或準社員，合作社應於許其加入後一個月內，報主管機關備查。新社員對於入社前合作社所負之債務，與舊社員負同一責任。

3. 合作社之命名

　　合作社之責任及主要業務，應於名稱上表明。非經營本法第 3 條所規定之業務，經所在地主管機關登記者，不得用合作社名稱。

4. 合作社社員責任

　(1) 有限責任：謂社員以其所認股額為限，負其責任。
　(2) 保證責任：謂社員以其所認股額及保證金額為

限，負其責任。

(3) 無限責任：謂合作社財產不足清償債務時，由社
員連帶負其責任。

法人僅得為有限責任或保證責任合作社社員，但其
法人以非營利者為限。無限責任合作社社員，不得為其
他無限責任合作社社員。

5. 社股與轉讓

社股金額每股至少新台幣 6 元，至多新台幣 150
元，在同一社內，必須一律。社員認購社股，每人至少
一股，至多不得超過股金總額 20%。

社員非經合作社之同意，不得讓與其所有之社股，
或以之擔保債務。

6. 結餘分配

社股年息不得超過 10%；無結餘時，不得發息。合
作社結餘，除彌補累積短絀及付息外，應提撥 10% 以
上為公積金、5% 以上為公益金與 10% 以下為理事、監
事、事務員及技術員酬勞金。公積金已超過股金總額二
倍時，合作社得自定每年應提之數。社員對於公積金，
不得請求分配。公積金超過股金總額 50% 時，其超過
部分，經社員大會議決，得用以經營合作社業務。

合作社結餘，除依規定提撥外，其餘額按社員交易
額比例分配。

7. 理監事

　　合作社設理事至少三人，監事至少三人，由社員大會就社員中選任之。理事職務係依合作社法及合作社章程之規定，與社員大會之決議，執行任務，並互推一人或數人對外代表合作社。監事職責則為監督理事與監查合作社之財產狀況。

8. 稅務

　　合作社得免徵所得稅及營業稅。

（三）優缺點分析

　　合作社組織型態乍看之下與前述閉鎖性股份有限公司或有限公司有其相似之處，然合作社並非以營利為目的，其主要是基於社員之共同需求，推展合作事業，解決社員間之共同問題為目標，進而增進社會福祉。因此，對於合作社理監事之責任，應以推動合作事業解決社員共同問題為主要目的，而非最大化合作社之金錢利益。然合作社亦有一般營利組織之特性，其可將結餘分派給社員，並以結餘進一步發展合作事業。

　　惟合作社依法能經營的業務範圍有所限制，此外，合作社所經營之業務僅限於提供社員使用，對於非社員之業務推展為例外情形，額度並受到一定限制，且社員需繳納社股金額並申請入社後才能加入，因此，合作社在經營上，其市場的擴展將受到相當限制。

實例　台灣主婦聯盟生活消費合作社

　　根據台灣主婦聯盟之官方網站介紹，所謂合作社，係由社員依共同需求、共同意願，實踐互助合作與民主治理理想，所集結成立的法人企業。合作社屬於全體社員共同享有、共同承擔，是大家互助合作、實行民主管理的企業體，不以營利為目的，為了滿足社員的共同需求而存在。必須加入合作社成為社員，方能採購合作社產品。此外，每位社員有義務依規定繳交股金與年費，以維持完整的社員權益。例如：依內政部合作社法第 24 條規定，社員享有每年分配結餘股息的資格。每位社員都是合作社的一分子，也是合作社的「頭家」。社員出資、利用、參與，正是支持合作社缺一不可的鐵三角[6]。

　　主婦聯盟之成立背景與目的為 1993 年時，因環境公安事件、鎘米事件及農藥殘留等問題層出不窮，主婦聯盟環境保護基金會「消費者品質委員會」的一群媽媽，為了尋找安全的食物，跑遍台灣，找尋新鮮、無農藥的米。當時集合一百多個家庭，展開「共同購買」運動，直接向農友訂購米和葡萄，讓農友可以穩定生產安心的食物。2001 年秉持著公益與非營利原則，由 1,799 名社員集資的「綠主張公司」轉型為「台灣主婦聯盟生活消費合作社」。至今有超過八萬個家庭加入，從環境守護到共同購買，從消費力的集結到社會力的展現，推

6　台灣主婦聯盟生活消費合作社，加入合作社，https://www.hucc-coop.tw/joinus，最後瀏覽日期：2023 年 2 月 28 日。

動反核、減硝酸鹽與非基改運動，透過「環保、健康、安全」的生活必需品，實踐綠色生活，支持地球永續[7]。

　　主婦聯盟之結餘分配與產品訂價原則，網站表明合作社的營運不以營利為目的，每年扣除管銷費用後的結餘，會有一半依社員該年利用額做分配，攤還進每一位社員的股金裡。產品的訂價原則希望合理照顧生產端與消費端。計算方法是：合理進貨成本＋合理管銷費用＋限制結餘（利潤）＝訂價[8]。

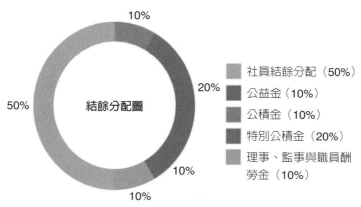

圖 2-1　台灣主婦聯盟生活消費合作社結餘分配比例圖

資料來源：台灣主婦聯盟生活消費合作社，關於我們，https://www.hucc-coop.tw/about，最後瀏覽日期：2023 年 2 月 28 日。

7　台灣主婦聯盟生活消費合作社，關於我們，https://www.hucc-coop.tw/about，最後瀏覽日期：2023 年 2 月 28 日。

8　同前註。

五、有限合夥

（一）簡介

　　過去商業行為之經營型態，除依公司法所設立之公司類型外，還有依照商業登記法第 3 條規定，以營利為目的，以獨資或合夥方式經營之事業。合夥事業本身並無法人地位，依民法第 681 條規定，合夥財產不足清償合夥之債務時，各合夥人對於不足之額，連帶負其責任。亦即合夥人對合夥事業負無限責任。合夥營利事業的盈餘，為合夥人的營利所得，應併入個人綜合所得稅申報。

　　2015 年 6 月 24 日頒布有限合夥法，該法第 1 條即明示該法之立法目的為：「為增加事業組織之多元性及經營方式之彈性，引進有限合夥事業組織型態，俾利事業選擇最適當之經營模式。」有限合夥與兩合公司有所類似，合夥人責任類型分為無限與有限兩種，組織設計上兼容合夥及公司組織型態，增加經營彈性。

　　所謂有限合夥（limited partnership），主要是由一人以上之普通合夥人（general partner）及一人以上之有限合夥人（limited partner）依據合夥契約共同組成、具有法人格之組織體。原則上普通合夥人對有限合夥之債務負無限清償責任，有限合夥人則僅就其出資額為

限，對有限合夥負責[9]。

（二）組織型態特色

1. 有限合夥組織之特性

　　有限合夥係以營利為目的，且與合夥不同，有限合夥法賦予有限合夥法人人格，於行使權利義務及實務運作上均較為便利。

　　有限合夥組織有下列特性，將提供組織型態選擇與規劃更加靈活彈性之空間。首先，有限合夥中，投資人與經營者分離，其中有限合夥人僅負責出資，而合夥業務之管理則交由普通合夥人負責，有限合夥人僅以出資對有限合夥事業負責，而普通合夥人則對有限合夥事業負無限責任。此一組織經營方式提供單純投資人投資報酬，並對於事業經營者賦予積極經營事業之合作新模式。

　　其次，有限合夥事業之收益分派具彈性，允許各合夥人以契約約定盈餘分派的方式，且盈餘分派不以一年一次為限，並得約定普通合夥人享有之分配比例。

　　最後，有限合夥事業得於合夥契約中明定合夥之存續期限，與公司永續經營不同。使事業合夥人得對特定

9　經濟部，有限合夥法簡介，2015 年 11 月，https://gcis.nat.gov.tw/mainNew/doc/lim1041127.pdf，最後瀏覽日期：2023 年 2 月 28 日。

投資項目進行合作，而無須負有公司繼續存續之責任，例如專案型的事業、創投業、影視文創產業等。

2. 有限合夥名稱與業務

依有限合夥法第 13 條規定，有限合夥名稱，應標明有限合夥字樣。有限合夥所營事業，除許可業務應登記外，其餘不受限制。

3. 有限合夥組成人數與限制

依有限合夥法第 6 條規定，有限合夥應有一人以上之普通合夥人，與一人以上之有限合夥人，互約出資組織之。法人依法得為普通合夥人者，須指定自然人代表執行業務；法人對其指定自然人之代表權所加之限制，不得對抗善意第三人。

依有限合夥法第 32 條規定，有限合夥人之加入，除有限合夥契約另有約定者外，應經全體普通合夥人之同意；普通合夥人之加入，應經全體合夥人之同意。

4. 有限合夥表決權

依有限合夥法第 7 條規定，有限合夥每一普通合夥人或有限合夥人，不問出資額多寡，均有一表決權。但得以有限合夥契約訂定按出資額多寡比例分配表決權。

5. 盈餘分派

依有限合夥法第 28 條規定，有限合夥分配盈餘，

應依有限合夥契約之約定；有限合夥契約未約定者，依各合夥人出資額比例分配。對盈餘分派可自由決定分派之比例及次數等。

6. 出資額轉讓

依有限合夥法第 19 條規定，有限合夥之合夥人，得依有限合夥契約之約定，或經其他合夥人全體同意，以其出資額之全部或一部，轉讓於他人。

7. 營運方式

有限合夥中，普通合夥人，係指直接或間接負責有限合夥之實際經營業務，並對有限合夥之債務於有限合夥資產不足清償時，負連帶清償責任之合夥人。普通合夥人出資除得以現金、現金以外之財產外，亦可以信用或勞務為出資，此可充分發揮人力成本。而有限合夥人，則係指依有限合夥契約，以出資額為限，對有限合夥負其責任之合夥人。有限合夥人得以現金或現金以外之財產出資。

有限合夥業務之執行，除有限合夥契約另有約定者外，取決於全體普通合夥人過半數之同意。原則上有限合夥之組織架構與運行方式皆較一般公司法之公司有彈性，可透過契約約定合夥人間之權利義務。

8. 稅務

依產業創新條例第 23 條之 1 第 12 項規定訂定之「有

限合夥組織創業投資事業租稅獎勵適用辦法」規定，自中華民國 106 年 1 月 1 日起至 118 年 12 月 31 日止，依有限合夥法規定新設立且屬產業創新條例第 32 條規定之創業投資事業，合夥契約之約定出資額達三億元，並於第三、第四及第五年度之實收出資總額分別達一、二及三億元。且第四及第五年度累計投資新創事業公司金額應達該年度實收出資總額 30% 或三億元。此外，各年度運用於我國境內及投資於實際營運活動在我國境內之外國公司金額合計達當年度實收資本總額 50% 且符合政府政策。自設立之會計年度起 10 年內採透視個體概念課稅，有限合夥事業無須繳納營利事業所得稅，而由盈餘分配比率計算合夥人所得額，向合夥人課稅[10]。避免投資人及被投資事業之重複課稅，節稅上有其實益。

（三）優缺點分析

有限合夥事業為不同於傳統公司型態之營利法人，其優勢在於不受公司法框架之拘束，無所謂董事會、股東會之相關規範，而可藉由契約約定合夥人間之權利義務關係，且可將成員分成普通合夥人或有限合夥人而適用不同之責任類型。在利潤分配比例與次數上也可藉由

---

10 財政部南部國稅局，file:///C:/Users/potal/Downloads/%E5%89%B5%E6%A5%AD%E6%8A%95%E8%B3%87.pdf，最後瀏覽日期：2023 年 2 月 28 日。

契約約定，有極高之彈性。該法人也不以永續經營為原則，得依照實際需求，例如電影拍攝宣傳上映期間等，約定有限合夥事業之存續時間。且稅務上，在符合一定條件下，得採透視個體概念課稅，避免重複課稅，將有助於增加獲利。此外，有限合夥法第 17 條關於有限合夥事業應公開事項，僅有普通合夥人姓名，但不包含有限合夥人之身分，將類似公司法之股東名冊並不會被公開，有助於投資人身分之保護。

惟有限合夥規定，合夥人中必須有對有限合夥事業負連帶清償責任之普通合夥人，且出資額之轉讓上有較多之限制，對於有限合夥事業之規模壯大，可能較受限制。

思考小練習

甲到非洲實習時，發現當地許多地方皆有無法取得電力與照明問題，導致許多家庭在夜間使用煤油燈作為居家照明，惟煤油常因使用不慎導致火災，造成當地許多居民之生命身體與財產上之損害。甲回到台灣後，想要成立一新創事業，專門生產可攜帶式之太陽能提燈，提供這些國家居民夜間可靠安全之照明設備。甲本身資金不足，需引入其他投資人之資金，作為生產與相關設備之資本。惟甲希望對於該太陽能提燈事業有較高之決策權限，且不希望為了達成其他投資人可能之獲利期待而拉高產品售價，但

甲仍希望該公司以營利為目標，公司獲利除分配給投資人外，也能藉由獲利再投資公司研發與人才，生產更多解決社會問題之產品。試問，甲能選擇之組織型態有哪些？在這些組織型態中，如何達成上述甲之目標？

延伸閱讀

- 行政院，社會創新行動方案（107-111 年），2018 年 8 月。
- 周振鋒，談美國社會企業立法——以公益公司法為中心，國立中正大學法學集刊，第 46 期，2015 年 1 月，頁 55-108。
- 社企流，開路：社會企業的 10 堂課，聯經，2017 年 7 月。
- 財團法人台灣經濟研究院等，2020 社會創新大調查，https://reurl.cc/DmdKzm，最後瀏覽日期：2023 年 2 月 28 日。
- 陳盈如，社會企業之定義與其對於傳統公司法挑戰之迷思，政大法學評論，第 145 期，2016 年 6 月，頁 87-145。
- 陳盈如，美國社會企業立法模式之研究，中正財經法學雜誌，第 14 期，2017 年 1 月，頁 1-46。
- 陳隆輝等，社會企業商業模式關鍵成功因素之研究，中山管理評論，第 26 卷第 3 期，2018 年 9 月，頁 381-414。

第三章

社會創新事業的設立、
負責人責任及法律風險管理

朱德芳 *、陳言博 **

一、章程制定
二、設立實務：設立文件與注意事項
三、公司治理與公司負責人責任

---

* 國立政治大學法學院教授。其他職務及經歷：政治大學公司治理法律研究中心研究員、財團法人證券投資人及期貨交易人保護中心董事、台灣舞弊防治與鑑識會計協會理事、中華公司治理協會監事、公司治理專業人員協會監察人、國際婦女法學會理事、智慧財產及商業法院商業調解委員。研究領域：公司法、證券交易法、企業併購法、鑑識會計、公司治理、新創公司法制以及家族傳承接班法制。參與撰寫：獨立董事與審計委員會執行職務參考指引範本（2022 年）、公司治理重要判決解讀─董事責任參考指引（2022 年）、企業併購理論與實務（2021 年）、審計委員會參考指引（2020 年）、變動中的公司法制（2019 年）、閉鎖性公司逐條釋義（2016 年）、有限合夥法逐條釋義（2016 年）、管理層收購之理論與實務（2014 年）等書。

** 臺灣輝能科技法務處長。其他職務及經歷：經濟部商業司技正、經濟部投資審議委員會專員；律師、政治大學法學博士、美國紐約哥倫比亞大學法學院訪問學者、政治大學商學碩士。研究領域：公司法、企業併購法、國際投資、能源法制。

摘要

公司是一種結合各種生產要素或資源的組織體，用以追求組織目的或組織使命。公司章程所記載的公司目的或使命，將有效地指導公司資源的配置與進行方式。社會創新事業為確保公司的資源能持續且有效地投入公司使命，並且凝聚資源投入者的共識與信賴，應辨認利害關係人、妥善安排公司經營權及決策流程、董事與高階經理人之權責、績效評估等治理架構，以及明確盈餘分派等安排。社會創新事業的使命設定及公司治理制度等配套設計的良窳，將是股東、員工、消費者、債權人、政府等利害關係人審視公司運作的主要著眼點。

學習點

1. 了解公司組織之緣起及目的，特別是社會目的與社會使命及在章程中記載的意義
2. 了解公司章程的設計與記載及公司治理對於社會創新事業的重要性，以及如何利用公司治理健全社會創新事業的發展
3. 了解公司治理建立是事業負責人的責任
4. 了解公司負責人其他應負的法律責任

關鍵詞

社會使命、公司治理、公司負責人、忠實義務、注意義務、法律風險管理、公司登記事項

一、章程制定

（一）公司目的

1. 公司組織緣起

　　「公司」一詞英文稱作 Company，最早係來自於西元 1150 年的古法文 compagnie，其主要的意義是指具有友誼及一定親密關係形成的社會群體。這樣的群體與現代意義上的「公司」有許多的不同，但唯一相同的基本元素就是公司這一個組織是由人所組合而成的組織。在我國法律則稱為「社團法人」。然而，從前一章可知，社團法人的組織型態不限於「公司」型態，凡社團法人組織都是得藉由將生產要素聚集起來，加以整合與利用，從事一定的活動與事業，最後獲得收益及利潤分配給該社團的成員。傳統而言，最主要的生產要素為資本（capital）及勞動力（labor）；現代企業研究更將資訊流或數據（information flow or data）、技術或營業秘密（technology, know-how or trade secret）及創（企）業家精神（entrepreneurship）作為生產要素。無論為何，經由前述的介紹，公司組織必定包含資本及勞動力作為生產要素。

2. 公司組織之法人格與股東（有限）責任

　　公司要能有效運作，除匯聚生產要素之外，更需要

具有其他內部與外部條件的配合。從外部條件而言，就是需要「法人格」及「有限責任」制度。由於公司匯聚各所有權人（股東）的資產作為生產要素，從事一定冒險行為，隨著股東人數可能的增加，公司對外行為所彰顯的，不再等同於特定股東，因此將公司在法律上擬制為具有單獨承擔法律責任，單獨從事法律行為的個體，而具有「法人格」。再者，由於所匯集各股東的生產要素，可能是要去從事具有風險性或冒險性的行為，如在 15 世紀末到 16 世紀地理大發現及大航海時代，許多歐陸皇室或貴族紛紛資助公司向外尋求新興的殖民與貿易機會。一旦發生風險，可能不僅將公司資產賠光，更可能需要負擔債務。為鼓勵有志之士從事冒險與開創的行動，因此，在公司中導入「有限責任」之制度。

3. 具社會性之公司目的與宗旨

除前述外部條件外，公司能夠有意義地存在及運作，必須要將這個公司主要的目的與宗旨（mission）、主要構成員及所持有的所有權份額，以及公司內外主要的權利義務、運作規則及事項加以記錄下來成為書面。這就是所謂的公司章程，或是一般商業上俗稱的公司憲法（Company Constitution）。其中，公司的目的與宗旨由於指導著公司存在及其資源所要創造的價值，更具有重要性。

　　如前述，傳統上認為公司的目的就是極大化股東的利益，而從事營利行為，並以營利為目的。因此，我國公司法在第 1 條第 1 項就明白規定：「本法所稱公司，為以營利為目的，依照本法組織、登記、成立之社團法人。」如同第一章所提到，近期對於利用的資本主義下，以營利為主要目的及活動宗旨之公司組織，從事或解決既有或未來的社會問題或挑戰，逐步將形成對於社會創新與社會企業制度的需求，特別是公司型的社會企業。然而，在這樣社會企業制度逐漸成形之前，許多企業管理及公司法律制度學者或實務人士也早已反思傳統上以「股東利益極大化」作為公司目的，並重新定義。

　　於公司組織目的納入社會上利害關係人之想法，最主要原因有二。首先是認知到公司本質上不僅是人合組織，整體人類社會也是群居動物，分工合作及彼此信任的社會群體，才是人類得以延續種族與文明的主要核心要素。同樣地，職司公司資源配置決策之董事，也應該考量其他公司內部及外部商業社會成員，如員工、客戶、社區等之利益，與信任進行公司營利之活動與營利目的之追求。如此，才能真正極大化地創造股東價值；再者則是機構投資人的興起。作為受投資人委託，選擇優質標的公司作為投資對象之機構投資人，是現代資本市場中最主要的參與者之一。由於不同於創業（風險）投資或特定私募基金，或者主要用以金融操作的避

險或對沖基金，機構投資人廣泛地持有各產業、各種類
公司組織之股票，從機構投資人爲確保機構投資人及其
背後受益群體之利益觀點，而對公司採取的管理責任
（stewardship obligation），將有效要求公司內部建立
制度，確保公司在一定程度考量社會各成員利益上，極
大化股東權益。

4. 2018 年公司法修正納入企業社會責任

　　我國公司法在 2018 年新增公司法第 1 條第 2 項，
明定：「公司經營業務，應遵守法令商業倫理規範，得
採行增進公共利益之行爲，以善盡社會責任。」其立法
說明略以：「按公司在法律設計上被賦予法人格後，除
能成爲交易主體外，另一層面意義在於公司能永續經
營。誕生於十七世紀初之公司，經過幾百年之發展，民
眾樂於成立公司經營事業，迄今全世界之公司，不知凡
幾，其經濟影響力日益深遠，已是與民眾生活息息相關
之商業經濟組織。尤其大型企業，可與國家平起平坐，
其決策之影響力，常及於消費者、員工、股東，甚至一
般民眾。例如企業所造成的環境汙染、劣質黑心商品
造成身心受害等，不一而足。公司爲社會之一分子，除
從事營利行爲外，大多數國家，均認爲公司應負社會責
任。公司社會責任之內涵包涵：公司應遵守法令；應考
量倫理因素，採取一般被認爲係負責任之商業行爲；得

為公共福祉、人道主義及慈善之目的，捐獻合理數目之資源。又按證券交易法第三十六條第四項授權訂定之公開發行公司年報應行記載事項準則第十條第四款第五目已明定公開發行公司年報中之『公司治理報告』應記載履行社會責任情形。我國越來越多公開發行公司已將其年度內所善盡社會責任之活動，在其為股東會所準備之年報內詳細載明，實際已化為具體之行動。鑑於推動公司社會責任已為國際潮流及趨勢，爰予增訂，導入公司應善盡其社會責任之理念。」

　　有趣的是，在此一新增條項及立法理由說明中，均表明本項之新增係為正式確認公司組織具有其社會責任，而將公司組織之企業社會責任（Corporate Social Responsibility, CSR）予以法制化。亦即，無論公司章程是否有明定公司之企業社會責任，公司均得據以投入一定資源履行公司的社會責任。而在第一章所提到，此與對於公司型社會企業之法制需求，略有不同。「企業社會責任」係指企業除了追求股東的最大利益外，還必須同時兼顧其他利害關係人的權益，包括員工、消費者、供應商、社區與環境等，為企業在追求營利目標以外之附帶責任。例如，改善員工的工作環境與福利、重視人權、注重產品與服務品質、關心供應商履行社會責任之情形、避免汙染環境等。而「社會企業」，目前雖尚無統一之定義，廣義而言係指以商業模式解決社會問

題，且不以利潤極大化為主要目的之組織。兩者間最大不同之處在於組織是否以追求營利或解決社會問題為最大目標。

5. 公司章程中的「社會使命」

依據美國「模範共益公司法」，其章程中明定，只要具備以下三項條件，便可稱為共益企業：在章程中須載明一個以上的公益目的；應具備董事當責，即企業負責人有義務考慮非財務利害關係人的利益；揭露、公布公益報告資訊的責任。社會企業之宗旨，最重要的就是社會使命。所謂「章定使命」，就是公司章程須載明公司的社會目的，因此公司並不以獲利最大化為目標，須兼顧履行公司自訂的社會目的，才算符合章程義務下的公司。在章程載明符合第三方標準的一般公益目的，這在法律上會有兩層意義：第一，讓公司整體營運對社會有正面影響，而非僅是有部分助益而已；第二，讓此目的鎖定至章程，即便後續公司經營權變動，也無法輕易背棄此目的。另外再搭配定期揭露公益報告讓公司外部人了解其成效為何，讓市場和自律有所憑藉，而能發生效用。

在經濟部於 2016 年啟動公司法修法研析時，立法院朝野黨團就曾經是否將共益公司（Benefit Corporation）或公司型社會企業加以納入公司法，給予

此種類公司法律組織上的位格，承認此種類型公司組織
之存在。其中當時在野之國民黨及時代力量所提出的修
法草案（詳見立法院文書院總第 618 號／委員提案第
20015 號及院總第 618 號／委員提案第 21978 號）中，
主要參考美國已有 36 州通過「模範共益公司法」之相
關規定，主張在我國公司法中新增「共益公司」之專
章。該二份提案草案規定共益公司之章程須訂有公益目
的，且公司負責人在決策時應考量除股東以外其他利害
關係人之利益，並須定期製作公益報告，公告於公司登
記資訊系統。

在國民黨所提出的「共益公司法專章草案」中，強
調「共益公司」將使命與價值植入公司之 DNA。「共
益」公司，因其追求 people（社會）、planet（環境）、
profit（經濟）三重盈餘不可或缺，期能找到利己與利
他的平衡點（共益）。此與必須解決明確社會問題及限
制盈餘分配的「社會企業」有所不同，因此不以「社會
企業」命名，其旨僅在打破公司法以營利為唯一目的之
限制，將企業社會責任的元素明確納入商業模式，讓任
何有社會使命的公司都有機會選擇最適合自己的組織型
態，表明其公益定位。

時代力量所提出者為「兼益公司」專章，係為鼓勵
具有社會使命之公司能在台灣成長茁壯，以帶動更多的
企業致力於社會影響力，新增一種鎖定社會使命並允許

分配利潤（profit-with-purpose）之營利公司──兼益公司。其將引入陽光揭露機制以促進公司自律，使社會影響力的使命可以長久在公司中存續，協助公司在堅持社會性初衷的同時還能持續成長，讓公司得以爲所有利害關係人創造長期價值。並將作爲對內整合有社會意識之創業者、消費者、投資人等利害關係人之平台，及對外接軌國際之橋梁，以吸引更多的資源以及力量挹注，創造更爲巨大的社會影響力並促進我國之包容性經濟成長（inclusive economic growth）。

　　有關於章程中所謂的「社會使命」、「社會目的」或「共／兼益目的」，在前述立法草案中，均可區分爲一般性及特定性的使命或目的。一般社會目的，係指公司營運時應考量其整體社會和環境影響力，包含公司營運應遵循社會、環境及經濟三重價值。特定社會目的，則係指公司成立所欲解決之特定社會問題。或說具有社會使命之公司具有一般性公益目的，在滿足對整體社會環境之最基本道德義務後，得於章程中載明公司所欲追求之特定公益目的。

　　至於行政院考量社會對此尚未達高度共識及可能配套方案之尚未完整，於修法版本中僅增訂公司法第 1 條第 2 項，納入公司企業社會責任。執政民進黨立法委員另提出社會企業發展條例專法，除包含發展社會企業之作用法內容外，還包括有關社會企業組織型態的組織

法。不管立法方式為何，明確於組織憲法文件中記載該組織之社會使命或公益目的，均與該組織之存在意義至為相關。

正是因為公司型社會企業之公司目的有別於一般以營利為主要目的的公司，美國多數州、義大利及許多國家才逐漸將此種具有社會使命之企業進行法制化。此外，由於具有社會使命型之企業往往遵循的是比法律更高、更抽象的標準，因此經營者是否達到目標，便往往會因為股東各自價值觀的差異而產生不同解讀。也因此提高被訴的風險。若能引類似共／兼益公司入法，搭配商業判斷法則（Business Judgement Rule, BJR），或能增加對執行公益目的的董事究責（accountability），將降低其法律責任爭議的風險。此外，讓公司型社會企業應盡的責任與義務能夠落實在條文之中、避免營利公司的洗綠，也能讓這些具有社會使命型之公司在具有法令明文規範下，減少內部與外部之糾紛或訴訟之可能，同時擁有更大決策空間加以執行公司的社會使命。有關於公司型社會企業負責人義務標準及其他應具有之配套制度，詳後述。

（二）經營權與股權結構

隨著公司制度不斷地演化，除了引進法人格及有限責任制度外，公司之所有權的制度也開始演進。公司所

　　匯集的資本稱為公司的資本額，股東所投入的部分稱為個別股東的出資額。然而，公司資本制度更引入股份與股票的制度，使得股東得以該持有的股份或股票作為轉讓標的，不僅增加該出資額（股份）的流動性，更可以藉此將認同公司宗旨之股東留在公司裡，將不認同公司宗旨或另有需求的公司股東，快速將其股份或股票出售給認同公司宗旨之投資人。然而，公司的股東，不見得都是原始的出資者或資金提供者。

　　從圖 3-1 公司股東投資連鎖（the investment chain）可知，公司之資本來源可以追溯到整個社會中的個別主體。藉由公司組織之法人格、有限責任及股份或股票制度，公司得以直接或間接吸引各種不同的資金來源。從一般社會或人民角度而言，也可以藉由圖 3-1 中的各種投資連鎖方式，直接或間接地投資到公司組織之股份，有助於資本社會之發展。

　　在公司法中，更依據該公司是否具有有限責任或具有股份（票）制度，區分不同種類的公司，包括無限（責任）公司、兩合公司、有限公司及股份有限公司。無限公司是由二人以上股東所組成，對公司債務負連帶無限清償責任之公司。兩合公司係由一人以上無限責任股東，與一人以上有限責任股東所組成，其無限責任股東對公司債務負連帶無限清償責任；有限責任股東就其出資額為限，對公司負其責任之公司。有限公司則是由

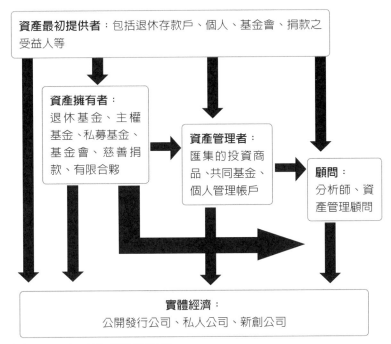

圖 3-1　公司股東投資連鎖

資料來源：Frederick H. Alexander (2018), "The Investment Chain Table," Benefit. Corporation- Law and Governance, Berrett-Koehler Publishers, Inc., p. 14.

一人以上股東所組成，就其出資額爲限，對公司負其責任之公司。股份有限公司則由二人以上股東或政府、法人股東一人所組成，全部資本爲股份；股東就其所認股份，對公司負其責任之公司。依據經濟部商業司統計，截至 2023 年 1 月，目前全國登記有案的公司總數爲 75 萬 2,687 家，其中無限公司僅六家；兩合公司僅五家；

有限公司爲 56 萬 4,563 家；股份有限公司有 18 萬 2,479 家。其中不到 3,000 家股份有限公司爲公開發行股票且上市或上櫃之有限公司。可知，目前我國公司以有限公司及股份有限公司爲主流。

在無限公司中，公司章程所約定的執行業務股東爲公司負責人。在兩合公司中，由於有限責任股東不得執行公司業務，故規定準用無限公司之規定，因此兩合公司之負責人爲章程所載之執行業務之無限責任股東。有限公司及股份有限公司的負責人，則爲公司董事。有限公司的董事需要具有股東身分，並由股東選任之；股份有限公司的董事不需要具有股東身分，但仍由股東會所選任。公司的經理人、清算人、監察人或臨時管理人等，在執行職務範圍內，亦爲公司之負責人。

在外國實務上，或有部分具社會使命之公司可以在章程上明定特定股東指派董事或特定人爲公司董事，但在我國目前法制下，尚無法於章程中如此記載。就有限公司而言，公司至少董事一人執行業務及代表公司，至多三人。雖然有限公司之董事沒有一定任期，但仍由股東表決權三分之二以上同意選任。特別注意的是，原則上每位股東不問出資多寡均有一表決權，但得以章程訂定按出資多寡比例分配表決權。

股份有限公司經營權主要在於董事或董事會上，董事不需具備股東身分，由股東會選任。若想要確保特定

股東或特定人可以擔任公司董事，以維持或確保該公司事務會使命之遂行，可以採取下列幾種做法：1. 約定複數表決權特別股；2. 特別股股東當選一定名額董事之權利；3. 非公開發行股票公司股東間之表決權拘束契約或表決權信託；4. 股份信託；及 5. 股東協議。前述列舉的方式對於股東及公司之拘束力不一，但大多只有契約效力，不若許多國外公司可以章程明定董事任命權利之效力。股份信託則需要依「非公開發行股票公司股票信託登記準則」進行登記，並在股東名簿上註記才可拘束公司。

　　有必要進一步討論者，為表決權拘束契約及表決權信託。公司法在第 175 條之 1、第 356 條之 9 及企業併購法第 10 條均明文規定股東之間表決權契約及表決權信託事項。首先，關於表決權信託（Voting Trust），股東非將公司法第 175 條之 1 第 1 項之書面信託契約、股東姓名或名稱、事務所、住所或居所與移轉股東表決權信託之股份總數、種類及數量於股東常會開會 30 日前，或股東臨時會開會 15 日前送交公司辦理登記，不得以其成立股東表決權信託對抗公司。其中要注意的是，第 356 條之 9 第 3 項有關於閉鎖性公司表決權信託契約在 2018 年公司法修法時，將原本條文「……於股東會五日前送交公司辦理登記……」修正為「……於股東常會開會三十日前，或股東臨時會開會十五日

前……」總之，表決權信託性質上為信託行為，因此，股東成立表決權信託時，必須將其股份移轉與受託人，並由受託人依書面信託契約之約定行使其股東表決權。受託人係以自己名義行使表決權，非代理委託股東行使表決權（經濟部 104 年 12 月 29 日經商字第 10402137390 號函參照）。

　　至於股東間的表決權拘束契約，則需注意其約定方式。「表決權拘束契約」指的是股東針對有表決權之事項，就表決權行使之方式進行約定，使各簽訂契約之股東一致性地行使表決權。過去法院實務見解認為股東間表決權拘束契約易使公司遭少數大股東把持，架空累積投票制度保障少數股東之立法原意，因而多否定表決權拘束契約之效力之看法（最高法院 71 年度台上字第 4500 號判決及最高法院 106 年度台上字第 2329 號判決參照），近年來許多法院則採取尊重企業經營自由、私法自治，對於股東間協議之效力，採取開放態度（台北地方法院 103 年度金字第 104 號判決及台灣高等法院 105 年度重上字第 621 號判決參照）。最高法院在 106 年台上字第 2329 號判決，認為表決權拘束契約為我國公司法之例外法制承認的情形，採較為嚴格的態度，表示：「倘締約目的與上開各規定立法意旨無悖，非以意圖操控公司之不正當手段為之，且不違背公司治理原則及公序良俗者，尚不得遽認其契約無效。該契約之拘

束，不以一次性爲限，倘約定爲繼續性拘束者，其拘束期間應以合理範圍爲度。」數年前，在頗受矚目之彰銀與台新金經營權大戰的訴訟中，更審法院針對表決權拘束契約提出九個審查標準，包含締結契約之日的與宗旨、股東間締結表決權拘束契約之情形、非以不正當手段締結、對小股東無甚不公平、不違背公司治理原則、契約簽署地之法律規範、司法實務對於將表決權行使之權利自股份所有權分離於公共政策下所持之態度、控制股東表決權行使期間長短，與有無足以免除表決權拘束契約拘束之機制、質疑契約有效性之股東是否意圖逃避義務，判斷該契約爲有效等（台灣高等法院 108 年度上更一字第 77 號判決參照）。總之，雖然法院近年來對股東間表決權拘束契約採取較爲開放立場，但可知實務見解尚無定論。建議若要採取此方式時，恐需諮詢專家意見。

（三）盈餘分派

公司法對於盈餘分派的規定，主要是考慮以下三個方面：

1. 避免公司因過度盈餘分派導致公司繼續經營困難，或者影響公司債權人之權益。
2. 維護股東投資公司所期待的報酬。
3. 使員工有機會分享公司經營成果。

公司規劃盈餘分派時，應注意以下要點：

1. 公司年度總決算如有盈餘不能全部分派，僅能就「可分派之盈餘」為分派

根據公司法的規定，公司有盈餘才能分派盈餘。公司年度總決算如有盈餘，應先提繳稅款、彌補過去年度累積的虧損，再扣除 10% 為法定盈餘公積，剩下的金額才可以分派予股東。

至於分派多少數額，要先看章程是否已明定一定金額或者一定比率的股息，如派付股息後，尚有可分配之盈餘，則由董事會提案，送股東會決議股東紅利之金額；若章程未訂有一定金額或比例之股息，則分派金額之多寡，由董事會提案送股東會決議後定之。

2. 期中分派與決議程序

公司法允許公司可於章程載明每年年底、每半年，或者每季分派盈餘。如果章程沒有特別規定的話，依法每年年底進行分派，程序如前面第 1 點所述。

若章程載明每半年分派一次時，則前半會計年度之盈餘分派，應於後半會計年度終了前，連同公司之營業報告書及財務報表交監察人查核後，提董事會決議；後半年度的盈餘分派，就是前述第 1 點年度終了的盈餘分派，程序與前述第 1 點相同，公司應於年度終了時，由董事會編造營業報告書、財務報表及盈餘分派或虧損撥

補之議案，提請股東常會決議。

　　若章程載明每季分派一次時，則前三季之虧損撥補議案，應於次一季終了前，連同營業報告書及財務報表交監察人查核後，提董事會決議；至於第四季的分派，就是前述年度終了的盈餘分派，程序與前述第 1 點相同。

　　一年多次分派多用於已有穩定收益的公司。我國實務運作中，有不少高科技上市櫃公司，為配合投資人的需要，章程明定多次分派。社會創新事業若仍在起步階段，營收可能尚不穩定，若章程訂明多次分派，可能反而增加公司作業成本。

3. 現金股利或股票股利

　　公司進行盈餘分派時，可以現金分派，或者將盈餘轉增資本而為股票股利之分派。股票股利等同於將公司盈餘再投入用於公司發展，對於還在起步階段的公司來說，由於取得資金的管道較為有限，將公司盈餘繼續投入公司可能確有其必要性。

　　但對於股東來說，若公司尚未上市上櫃，股票沒有次級市場，股東即使拿到股票股利，往往也不容易找到賣家。實務運作中，有些公司考慮股東可能有股票變現的需求，為服務股東，因而每年詢問股東是否有買賣公司股票的意願，若有，公司可協助進行媒合，這樣做有

助於增加股東對於公司的向心力。

　　社會創新事業經營一段時間後，也需要考慮股東是否有現金股利之需求。社會創新事業的股東，雖不像一般營利性公司之股東對於盈餘分派有較高的期待，但可能還是希望社會創新事業可以逐步發展形成可持續的商業模式。也因此，長期來說，社會創新事業若一直不分派現金股利，應有正當理由，需向股東詳為說明以爭取股東支持。

　　如前所述，社會創新事業就盈餘分派的考量與一般營利性質的公司可能有所不同。社會創新事業的股東可能更為重視員工、利害關係人之保護與公司的永續發展。根據此一前提，以下模擬案例說明章程條款對於盈餘分派可能的設計。

模擬案例

　　三位志同道合的好朋友，擬成立公司推動城鄉教育均衡發展，三人草擬公司章程，其中有關盈餘分派的條款如下：

　　第 X 條：本公司分派盈餘（含普通股及特別股）時，應考量公司當年盈餘狀況、未來營運計畫之資金需求及經營團隊持股比例等因素，分派之數額加計董事及監察人酬勞及員工酬勞以不高於當年度可分配盈餘 50%為限。

　　前述第 X 條的設計重點，在以章程明定分派上限，這是股東對於盈餘分派經過討論所形成的共識，相較於章程無相關規定，而於每年股東常會中決議盈餘分派數額，以章程明定對於股東或經營團隊來說較具明確性。另一方面也需要注意，若公司原始章程未設盈餘分派上限，新投資人加入後，再以變更章程方式加入分派上限條款，由於變更章程只需要股東會特別決議（經代表已發行股份總數三分二以上股東出席，出席股東表決權過半數同意），無須全體股東同意，若有股東不同意這樣的變更，就容易引發糾紛。也就是說，這類涉及股東基本權利的條款，股東應仔細討論，並訂明於公司原始章程中，透過討論與章程訂定的過程，股東往往才會更清楚大家對於社會創新事業的想法為何、是否有共識。實務運作中，股東有時不想花時間討論章程，直接使用主管機關公布的章程範例，後來才發現股東想法各異，從而引發糾紛。建議大家不要因為怕花時間就不討論章程條款，也不要因為怕花錢就不諮詢律師等專業人士。

　　另應注意者，第 X 條與公司法主管機關經濟部公布的章程範例有所不同，各地登記機關對於章程自治的容許程度可能有所差異。

二、設立實務：設立文件與注意事項

　　如同前一章所述，社會企業可能有多種組織型態。有關具社會使命型之公司組織，在其設立及登記上，仍須適用公司法中關於公司登記的規定。我國公司登記採取準則主義，凡登記事項符合法令之規定與程式，即應准為登記。

　　然而，實際在公司設立上，仍應有相關設立文件及注意事項。公司法第 387 條以下有「公司登記辦法」、「公司名稱及業務預查審核準則」、「公司登記規費收費準則」及「會計師查核簽證公司登記資本額辦法」。另有可能會使用到的相關法規為「公司登記資料查閱抄錄及影印須知」及「股份有限公司發行股票簽證規則」。此外，目前經濟部已整合開辦企業之步驟，全部均得以在「經濟部開辦企業——公司與商業及有限合夥一站式線上申請作業」網站線上進行。目前該網站另設「使用者練習區」，任何有興趣的企業主或創業家，都可以先在線上進行練習。

　　早在 2018 年公司法修法前，許多籌設社會企業之有志之士，若想要採取公司組織型態來落實其社會理念，常常會遇到第一個問題，這個問題也與我們前述公司之「社會使命」、「社會目的」或「共／兼益目的」有關，即辦理公司登記時，公司章程的公司目的若不以

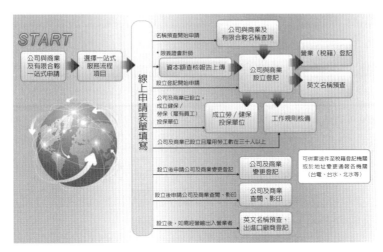

圖 3-2　經濟部「開辦企業—公司與商業及有限合夥一站式線上申請作業」

資料來源：經濟部，「開辦企業——公司與商業及有限合夥一站式線上申請作業」網站。

營利為目的，可能會被多數協辦業者，如會計師等及登記機關所質疑。為避免公司法第 1 條第 1 項的解釋造成社會企業之有志之士之挫折，經濟部 106 年 12 月 4 日經商字第 10602341570 號函示特別對此加以說明：「按公司法第 1 條明定公司為營利為目的之社團法人……股東對於公司共同目標或宗旨，於法定範圍內，自得以章程明定之。然而，公司以營利為目的與其從事公益性質行為之關聯。鑑於公司法第 1 條較未具公司設立之要件規範性，且公司若於章程中適切反應股東集體意志且未

違反其他強行規定者，現行社會企業若擬以營利為目的
之公司組織型態經營，應無違反公司法第 1 條規定之疑
慮。」讓各級登記機關據以作為公司型社會企業之登記
依據。前述函示在 2018 年公司法第 1 條增訂第 2 項後，
許多欲以公司型態經營之社會企業在設立登記上，已不
會因為章程所記載非以營利為目的，遭遇到阻礙。只是
公司法第 1 條第 2 項與所謂的具社會使命之公司之整體
組織上的法律需求，業於前述篇幅論述，仍待各方努力
推動法制化。

　　此外，經濟部中小企業處執行行政院社會創新行動
方案，設立「社會創新平台」進行社會創新組織登錄，
以利各行政部門及社會大眾識別社會創新組織，並促
進社會創新組織穩健發展。依據「社會創新組織登錄
原則」，係以聯合國永續發展目標（SDGs）或我國關
切社會議題為組織目標及其社會使命，且登錄於本部所
建置之社會創新組織登錄資料庫網站（以下簡稱：本網
站）之組織。無論該組織是否以營利為目的，只要符合
前述登錄原則，包括公司組織，就可以向該平台進行登
錄。一旦具社會使命之公司以社會創新組織名義登錄在
社會創新平台，須於該網站揭露其章程中有關社會使命
之內容，每年並應定期揭露更新下列事項：

（一）組織基本資料。

（二）聯合國永續發展目標、我國關切社會議題之社會

使命及營運模式。

（三）營運現況、年度成果及社會影響力呈現。

（四）依社會創新組織之性質揭露下列財務資訊事項：

1. 營利事業：公益事項辦理情形，及政府補助款所占收入來源比例。

2. 非營利事業：商業行為所占收入來源比例及財務報表。

（五）其他相關文件或證明。

詳細的登錄方式及表格，敬請直接聯繫該網站進行了解。

三、公司治理與公司負責人責任

（一）社會創新事業之公司治理

1. 什麼是公司治理？新創公司、小公司也需要治理嗎？

有人認為，公司治理或組織治理是一個很花錢的事，等公司或組織成長到一定規模，或者開始賺錢的時候再進行治理就好。這其實是很大的誤解。事實上，為了促進公司達成其設立目的，任何公司均有治理之必要，無論是公司或其他營利性組織，或者非營利組織皆是如此。

各界在探討公司治理的標準時，經常參照經濟合作

暨發展組織（OECD）發布的公司治理六大原則（The OECD Principles on Corporate Governance）：(1) 確保有效的公司治理架構；(2) 保障股東權益、公平對待股東及發揮其重要功能；(3) 機構投資人、證券市場及其他中間機構；(4) 重視利害關係人之權利；(5) 資訊揭露及透明性；(6) 落實董事會之職責。

此一公司治理的一般性原則，若用於社會創新組織，也會因為社會創新組織的設立目的與公司組織可能有所不同，而應進行相對應的調整。例如，社會創新組織的目的，若是在強調公司員工或者特定族群之照顧，或者以解決某一個社會問題為目的，則這類公司對於公司財務上的績效與股東投資的回報的要求，相對來說，可能就不像一般營利性公司那麼重視，而該社會創新組織的治理架構重點，就會在其決策流程與資源配置，是否考慮公司員工、特定族群或該社會問題的解決，以達成組織設立的目的。事實上，近年來在許多營利性公司於各界重視 ESG 的浪潮下，在決策時，不會僅僅考慮股東之利益，而會更廣泛地注意公司營運對於利害關係人之影響。此時，公司治理架構就需要特別關注如何收集、分析相關資訊以評估公司營運對於各利害關係人之影響；若利害關係人之利益發生衝突而章程沒有明定利益衡量的優先順序時，董事會應建立決策之考量清單，以及建立尋求各利害關係人共識之程序，以避免爭議。

　　此外，公司設立目標、規模大小、利害關係人多元的程度等因素，都會影響治理架構的設計。各界也經常用「大小分流」來表述規模較小、利害關係人較少的小公司，其與大公司應採用不同的法規範、公司治理架構與設計。目前，公開發行公司、上市櫃公司的治理模式受到證券交易法等相關法規較嚴格的監督。

　　例如我們常在報章雜誌看到的獨立董事及審計委員會，就是證券交易法規範大型公司應採用的治理架構的一環。若是規模比較小的公司，公司治理的基本架構就是股東會、董事會、監察人，依照公司法與各該公司的章程、內部規則進行治理，原則上不需要另外設置獨立董事與審計委員會。

　　公司治理之目的在促進經營者的決策達成公司設定的目標。也因此，我們可以這麼說，所有可以優化經營者決策過程、提升經營者決策品質的機制，都屬於公司治理的一環。若以股份有限公司為例說明，股份有限公司的經營者是董事會，董事會於決策之前，是否取得充分資訊？決策是否經過董事們充分討論？董事會決議是否詳實記錄與保存？又決議實施情況是否進行追蹤管理等，都是屬於公司治理的一部分。

　　若是規模較小的公司，股東可能積極參與公司經營，由於都是公司董事，對於公司、產業等情況比較了解，在資訊充分下做成決策，可能不是太大的問題，但

實務運作中，這類小公司往往忽略決議等相關文件記錄與保存的重要性，文件資料混亂、缺漏，顯示公司運作欠缺規範，不僅可能使決策品質無法提升，也可能使公司後續規劃引進外部投資人資金時，因無法取得投資人信任，而致引資困難。若公司順利引入外部資金後，外部投資人擔任公司董事的情況下，如何使外部董事了解公司與產業，降低溝通成本，即為這類公司在公司治理架構上應著重的焦點。若再進一步，公司業務規模更加繁雜，公司董事無法事必躬親時，就必須妥當安排公司董事與經理人之權限劃分，董事也應注意，部分業務雖授權經理人進行，但董事會仍有監督之責任。

公司治理不是口號，也不是做給別人看的。公司治理的目的，是為了提升公司經營者的決策品質，一家公司的治理是否能夠建立並有效運作，關鍵在於公司經營者：經營者重視公司治理，其他員工才會重視。隨著公司股東、員工、債權人等利害關係人之增加，公司業務擴展的每個階段都會面臨不同的公司治理挑戰，經營者應用心面對，必要時與律師等專業人士商議，採取適當的公司治理措施。

2. 公司治理對社會創新事業更重要

治理對於社會創新事業的重要性，絕對不亞於一般營利性質的公司，某程度來說，甚至是更為重要。理由

在於：

(1)社會創新事業的組織目標較爲模糊，是否達成目標不易有客觀標準，容易引發質疑

以營利爲最重要目的的商業組織，其組織目標明確，從 ROE、ROA 等財務指標觀察或與同業比較，往往可以判斷公司績效如何、是否達成預期的組織目標。相較之下，社會創新事業的組織目標往往是爲了增加特定人的福祉或解決某一個社會問題，其目標相對模糊，是否達成目標也不易有客觀判準。也因此，若股東、員工彼此間之信賴不足，或者組織原本欲增進福祉的特定群體等利害關係人對於預期達成之目的存有不同之期待，都可能引發爭議從而影響社會創新事業的存續。

(2)良好的治理制度是建立信賴的重要基礎

良好的公司治理是優化經營者決策之設計，當社會創新事業章程所訂立之目標較抽象模糊，或者章程訂定兩個以上的目標但卻未明定其優先順序時，經營團隊可依照所定的程序，透過合理方法辨識階段性目標，並與股東、員工與各利害關係人進行溝通議合，同時將相關決策過程與考慮因素予以記錄保存，如此，應可降低爭議之發生。這些標準、作業流程的設計，以及文件記錄保存，都是公司治理的一環。

（二）公司負責人之責任：忠實義務與善良管理人注意義務

　　社會創新事業若採用公司組織設立，依公司法之規定，公司董事、監察人與經理人為公司負責人，對公司負有「忠實義務」與「善良管理人之注意義務」，如有違反致公司受有損害者，應對公司負損害賠償責任（公司法 §23 I）。

　　法律規定文義比較抽象，必須進一步說明才能釐清忠實義務與善良管理人注意義務之內涵為何，社會創新事業的經營者也才知道執行職務時要注意哪些事項才符合法令規定。

1. 公司負責人之忠實義務

　　公司法規定公司負責人應「忠實執行業務」，這是指「公司負責人於處理公司事務時，必須出自為公司之最佳利益之目的而為之，董事不能利用職位圖謀自己或其他人之利益；亦即執行公司業務時，應做公正且誠實之判斷，以防止負責人追求公司以外之利益[1]。」

　　公司負責人之行為要符合忠實義務的要求，就要注意儘量避免利益衝突。這並不是說公司不能跟與董事具有利害關係的人進行交易，而是說，因為與這類關係人

1　參閱劉連煜，現代公司法，增訂 16 版，2021 年 9 月，頁 134-135。

交易容易引發其他人的質疑，擔心公司因而受到損害，因此在決策程序上應格外謹慎注意。以下模擬案例說明若公司擬與關係人進行交易，在程序上應注意哪些事項。

模擬案例

　　A 公司董事分別是甲、乙、丙、丁、戊五人，其中，甲亦為 B 公司之董事，若 A 公司向 B 公司採購商品，則屬於關係人交易。

　　依公司法規定：

1. A、B 兩家公司董事會審議此一交易時，甲董事應向 A 公司與 B 公司之其他董事說明其為交易對造公司之董事。

2. 其他董事應該進一步了解甲董事於此一交易中扮演何種角色。例如，是否不當影響或指示公司員工進行此一交易？若有，是否影響交易之公平合理？公司是否有必要採取補救措施以維護公司利益？其他董事審議此一交易計畫時，也宜考慮此一交易之必要性以及其他交易對象之可能性。

3. 董事會投票決議是否進行此一交易時，甲董事應予迴避，也就是說，討論本議案時，甲董事不能在現場、不能參與投票，也不能取得與本議案有關的會議資料。

4. 董事會紀錄應詳實記載董事就本交易案的討論要點以及決議理由。

　　實務運作中，若發生公司每一位董事對於該交易均有利害關係，因為大家都迴避表決，無法形成董事會決議，該怎麼辦呢？此時，可由監察人進行交易之審議；若監察人就該交易也具有利害關係時，則應由股東會進行交易之審議；若有利害關係之董事也都是股東時，相關決議就必須詳細說明此一交易之必要性、決議考量因素、交易條件對於公司是否公平合理等事項，透過決策流程的管控與相關文件及紀錄的保存，若日後有爭議時，也可以清楚釐清當時決策的考慮。

　　公司法下有關交易是否具有利害關係，有時不是很容易判斷，法院判決也有分歧，公司經營者可以從寬認定利害關係之範圍，以較嚴謹的決策流程，避免日後爭議。若有疑問，也可以與律師討論適當的做法。

2. 公司負責人之善良管理人注意義務

　　我國法院認為，注意義務係指「公司負責人做決策時要謹慎評估，不可有『應注意而不注意』之過失的情形，亦即做決策者要盡到各種注意之能事。至於善良管理人注意義務，係指社會一般誠實、勤勉而有相當經驗之人，所應具備之注意」（最高法院 42 年度台上字第 865 號民事判例參照）。我國最高法院亦有認為，董

監事與經理人是否已盡善良管理人之注意義務，「應依事件之特性，分別加以考慮，因行爲人之職業、危害之嚴重性、被告法益之輕重、防範避免危害之代價，而有所不同」（最高法院 93 年台上字第 851 號民事判決參照）。

　　這句話的意思是，若董事所決策之事項屬於複雜、交易金額較大、影響公司與股東等關係人甚鉅，或者有董事存有利害衝突等情事時，董事就該決策應提高其注意。法院以事件的複雜程度、利益衝突程度以及對公司影響程度之高低，來決定公司負責人注意義務之高低，符合企業經營管理的基本原則。

　　司法實務中，法院認定董事執行職務是否已盡善良管理人之注意義務時，將審酌董事於決策過程中是否有過失，例如董事於決議時，是否取得充分之資訊；遇有異常或警示事件，是否進一步詢問或採取必要之行動等。參考司法實務與學者見解，注意義務之內涵，可具體化爲下列幾個類型，但不以此爲限：

(1) 出席會議之義務。

(2) 於資訊充分下做成決策之義務。

(3) 有疑問時，應主動詢問。

(4) 遵守法律、章程、股東會決議之義務。

(5) 監督經理人執行職務。

如前所述，社會創新事業設立的目的，可能在於顧

及多個利害關係人,或者解決一個或多個社會問題,社會創新事業的經營者做成各項決策時,往往需要不斷地進行利益衡量,社會創新事業的經營者,可以從內部組織之設置與決策程序進行相應的設計,以符合注意義務之行為標準。

以下以公司為例,說明經營者在衡量利益衝突與進行決策時,應注意哪些事項。其他組織型態的社會創新事業,也可以根據以下原則進行相應的調整:

(1) 組成董事會時,考量成員多元化。多元的董事會可提供利益衡量更完整的思考面向。

(2) 董事會可考慮組成諮詢委員會,由董事、學者專家、利害關係人參與,就以下事項進行研議分析,定期 / 不定期向董事會報告。

　　A. 建立與定期檢視利益衡量之政策與決策流程。

　　B. 定期檢視公司營運對於環境、社會與利害關係人之影響。

　　C. 建立重大議題決策追蹤考核機制。

　　D. 建立員工教育訓練與關係人溝通制度。

(3) 董事會可選派經理人,協助董事會與委員會執行利益衡量相關業務。

(4) 利益衡量決策過程與考量,應留存工作底稿。

（三）小結——公司負責人之法律風險管理

　　社會創新事業設立之目的，在促進利害關係人之福祉或解決社會問題，與此同時，事業負責人也要注意保護自己，避免執行職務時誤觸法令。社會創新事業因有一定公益性質，外界往往也會以高標準看待。隨著社會創新事業的發展，公司經營者會面臨各種不同的挑戰，但有些經營者的法律風險管理基本心態與做法，是無論公司大小，都有適用的，整理要點如下：

1. 遵守法律、公司章程與股東會決議，是公司經營者的基本要求。
2. 公司經營者的行為，是員工的樣板。公司經營者切勿因為公司剛成立、規模較小就便宜行事。經營者不遵守法令章程，將對員工傳達錯誤訊息，長此以往，無法形成良好的企業文化。
3. 公司經營者應避免利益衝突，建立誠信經營文化。
4. 應設置專責人員隨時注意法規更新，及時調整公司內規與強化公司內部訓練。

思考小練習

　　請思考或想像在一家具有特定或一般社會使命的公司，這個公司的章程對於下列事項要如何安排，才能最有效地達成該公司的社會使命？

1. 社會使命或社會目的。
2. 利害關係人。
3. 負責人之責任事項。
4. 財務使用及盈餘分派。

延伸閱讀

• Fredrick H. Alexander, Benefit Corporation: Law and Governance, Berrett- Koehler Publishers, 2018.
• Frederick H. Alexander, "The Investment Chain Table," Benefit Corporation- Law and Governance, Berrett-Koehler Publishers, 2018.
• 方嘉麟等合著，變動中的公司法制─17 堂案例學會《公司法》，元照，2018 年 10 月。
• 方嘉麟主編，變動中的公司法制，元照，2021 年 10 月。
• 公司登記相關法規查詢，https://gcis.nat.gov.tw/elaw/index.jsp。
• 立法院議案關係文書：院總第 618 號委員提案第 20015 號，民國 105 年 12 月 14 日。
• 立法院議案關係文書：院總第 618 號委員提案第 21975 號，民國 107 年 4 月 25 日。
• 立法院議案關係文書：院總第 618 號委員提案第 21978 號，民國 107 年 4 月 27 日。
• 社會創新平台：社會創新組織登錄資料庫，https://si.taiwan.gov.tw/Home/org_list。

- 社會創新組織登錄原則，經濟部中小企業處，https://www.moeasmea.gov.tw/article-tw-2677-4515。
- 非公開發行股票公司股票信託登記準則，https://gcis.nat.gov.tw/elaw/index.jsp。
- 萊恩‧漢尼曼著，陳俐雯譯，B型企業，現在最需要的好公司，城邦商業周刊出版，2015年4月。
- 曾宛如主編，股東協議─表決權拘束契約及表決權信託，元照，2022年增修二版。
- 最高法院106年度台上字第2329號判決，詳見「司法院裁判書查詢」系統，https://judgment.judicial.gov.tw/FJUD/default.aspx。
- 經濟部開辦企業─公司與商業及有限合夥一站式線上申請作業，https://onestop.nat.gov.tw/oss/identity/Identity/init.do。
- 經濟部106年12月4日經商字第10602341570號函。
- 劉連煜，現代公司法，新學林，2022年。
- 劉承愚，當文創遇上法律─公司治理的挑戰，典藏，2021年11月。

第四章

社會創新事業之資訊揭露

二、社會創新事業的業務資訊揭露
三、企業永續的資訊揭露
四、永續報告書編製標準與第三方驗證

---

* 財團法人金融消費評議中心主任委員暨總經理。其他職務及經歷：國立中正大學法律系副教授、東吳大學法學院法律學系助理／副教授、逢甲大學財經法律研究所助理教授、考試院國家考試命題、閱卷委員、社團法人中華法務會計研究發展協會理事、美國紐約州律師考試及格、國立中正大學法律學系博士後研究員、法律全球化中心研究員（Center on Law and Globalization, Research Fellowship）。

摘要

社會創新事業為達成一定的社會目的而創立，但為了確保新創事業能誠實永續地持續經營，資訊揭露便成為非常重要的義務，一方面可以透過規範與落實這些資訊揭露規則，確保公司實踐其社會目的，一方面透過這些資訊揭露與投資人等利害關係人正向溝通，避免名實不符的社會創新事業或活動，所以社會創新組織所編製共益報告書及上市櫃公司所編製的永續報告書便十分重要。

學習點

1. 理解資訊揭露在社會創新事業發展的重要性
2. 理解社會創新事業現行的資訊揭露平台與作用
3. 理解企業的永續報告書編製準則

關鍵詞

漂綠危機、共益報告書、永續報告書、第三方驗證、社會創新組織登錄資料庫

一、公益名稱的揭露與預防漂綠危機

　　自 2018 年公司法修法將企業社會責任納入，公司依法便不能只為追求股東經濟利益最大化而存在，各個公司都開始必須注意遵守商業倫理，並且不能忘記照顧社會利益，然而企業行善、公司推動公益活動本無須修法，很多大企業或小公司都已經默默行善，在他人有需要的時候、社會有需要的地方貢獻心力，公司身為社會的一分子，自然也該為社會盡一分心力，然而如果企業只是為了美化企業形象，公司只是為了宣傳公司品牌，那麼所做的公益活動只會是美麗又短暫，很多社會或是環境問題以及弱勢族群都無法因一時的善行改變，而政府的公共負擔已經過大，個人善舉的能力也有限，如何引入民間企業的力量為國家社會注入持久且有系統性的改變，正應鼓勵社會創新事業投入，並以相關制度引領更多企業投入公益，希望為國家社會帶來永續為善的能量。

　　目前所有的企業都由我國公司法管制，公司法中要求的資訊揭露僅是最低限制，目的僅為確保交易安全，如我國的公司法第 2 條中便要求「公司名稱，應標明公司之種類」，從股東負擔無限責任的無限公司到資本可以大眾化的股份有限公司，所有與公司交易的對象都可以透過公司名稱一望即知公司的種類，讓交易的雙方都

能知道對方公司的種類，然而社會創新事業即是為了改善社會某些特定問題而誕生，具有一定的社會目的及公益性，也因為這些社會創新事業的公司具備追求公益的特殊性，為了彰顯這樣的特殊性，未來也應該立法要求這樣的公司必須在名稱中揭示其公益性，透過名稱的揭示讓所有交易者，一望即知這樣的公司並非一般追求營利的公司，這樣的公益性事業除了名稱不同外，也須在公司章程中註明其追求之公益目的，如此彰顯其背後從創立到營運都有不同的思維與運作模式，公益名稱的揭示便是一種投入公益的宣告。

雖然資訊揭露的要求難以避免造成企業營運的成本，但是資訊揭露是最有效能避免企業掉入「漂綠」陷阱的手段，如同美國聯邦大法官 Louis D. Brandeis 的名言，「陽光是最好的防腐劑，燈光是最有效率的警察」，資訊揭露使公司內部的情形能對外公開，而誠實地依循公開的準則使企業的經營不會藏汙納垢，面對複雜與多變的市場，唯有透過資訊揭露可以確保市場正常運作，在推動公益的路上，資訊揭露除了讓企業內部不走偏、不失去本心，也讓外部的消費者與投資人能有正確的資訊輔助做成正確的決策。因為慈善行動或是環境保護是企業良心的展現，讓這樣的行動陷入宣傳過度或成為公關工具的危機，公司可以編織「關懷」、「環保」、「創新」等具吸引力的品牌故事，吸引消費者或

投資人目光，砸下大筆行銷廣告的經費就可以成為「最先進」「最永續」的企業，但是各種「漂綠」行為已經是各國政府與國際組織關切的問題，環境不會因為企業光說不練就變好，社會創新與 ESG 的推動不要華而不實的口號，隨意訂立企業對環保或慈善的承諾並不困難，但是企業承諾的行動是否真的改善了社會問題或是對環境做出貢獻，這些宣告要推動的公益是否能經得起檢視？短期作秀式的慈善行動可能讓弱勢族群養成不良的習氣，純計算又碎片化的淨零排碳作為對於自然環境的改善也毫無助益，企業是否真的承擔起公益與環保的責任，是需要被科學或社會檢視的，而處理這些「漂綠」的爭議就必須從資訊揭露開始，政府或跨國組織都倡議這些行為必須受到審查，先制定一套可行的資訊揭露準則或標準，要求參與者共同依照準則或標準進行資訊公開，以免「漂綠」橫行，人人努力做廣告卻不做實事，不只造成了企業與社會重要的資源浪費，最後也將損害公眾對企業的信任。

實例

　　我國目前的社會創新企業並無公司法上的法律位階，但是「公益」仍是受歡迎與關注的議題，查詢管理公司登記的經濟部商工登記公示資料查詢服務平台，輸

> 入「公益」便可以查到國內有 39 家以「公益」為名登
> 記的公司，而使用「創新」為名的公司更高達 1,729 筆，
> 然這些以「公益」「創新」為名的公司究竟正在推動何
> 種公益工作？每年持續推動公益的成果又是如何？依照
> 目前的制度與規範皆無法得知，雖然可以有以公益為名
> 登記的公司，但是由於資訊不透明與相關制度缺乏，面
> 對「漂綠」危機，目前公司法或相關法制上的資訊揭露
> 要求尚有諸多不足。

二、社會創新事業的業務資訊揭露

　　目前參與公益事業的社會創新組織，除了公司以
外，還包含了合作社、公益性社團法人、財團法人三種
非營利組織，這三種組織本來成立的宗旨就非以營利為
目的，除財團法人於財團法人法通過後開始有資訊公開
的要求，其工作計畫、經費預算、財務報告經董事會通
過、主管機關備查後有公開義務，因為財團法人受捐贈
成立又能長期接收補助與捐贈，其營運的財務狀況有經
公眾監督的需求，然這三種組織資訊公開的規定，包含
營利型的社團法人公司，現行法制中的對於各種社會創
新組織的資訊揭露義務都不高，對於確保這些社會創新

組織積極從事其設立目的的行動採取寬鬆的規範模式。

現在愈來愈多社會創新事業以公司的型態存在，希望組織在營利的同時，也能一同解決社會問題，開創新的企業經營模式，而公司身為國內最重要的社團法人，為數眾多且影響國家經濟發展甚鉅，依照公司法的規定必須依法為設立登記，依照公司種類對外揭示名稱，並於主管機關經濟部架設的網站上公開公司登記時的相關資料，如公司名稱、資本額、所在地、所營事業等，公司雖每年有製作財務報告之義務，但是其除了公司於主管機關的登記項目外，公司營運的資訊並不公開對社會揭露，只有依法對股東與主管機關有相關的報告義務。而社會創新組織如果透過公司型態成立，將必須遵守公司法的相關規範，又因為社會創新組織有別於純營利的公司，社會創新組織應於其組織章程中明定組織設立的「社會目的」，即組織是為了改善何種社會問題？是為了哪些弱勢群體而設立？組織存在的重要目的，章程中也應揭示未來公司如何連結該社會目的創造獲利模式，畢竟是公司而非財團法人，不能倚賴民眾或政府的補助或捐款為營運經費，社會創新組織就是希望能透過特定的商業模式，有穩定的經費持續推動社會目的實現。然依照目前的公司法，公司章程屬於半公開資訊，雖可以付費後向主管機關申請查閱，但是如果社會創新組織是採用公司形式設立，所有公司章程並無法免費透過線

上查詢,而公司經營的財務報告,依照現行公司法的規範,公司只需每年於會計年度終了後向股東公開,亦無法公開查詢。

針對市場對於「公司」資訊揭露的需求日漸提升,管理公司登記的經濟部便於商工登記公示資料查詢服務平台上大量擴增並踐行公司相關的資訊揭露,除了增加公司登記資料的歷史資訊外,商工登記公示資料查詢服務平台更增加了公司的「自行揭露事項」,關於公司的基本資料與章程、員工福利等資訊都可以由公司自行選擇上網揭露,而與社會創新事業息息相關的「共益報告書」與「企業社會責任報告書」,目前已經在該平台中屬於公司可以選擇的自行揭露事項,可惜目前透過經濟部商工登記公示資料查詢服務平台揭露公司正在進行的社會創新目標與成果的公司甚稀。

(一)共益報告書

社會創新組織因為設定有組織成立的社會目的,如果能透過資訊揭露的方式確保其社會目的之達成,亦能增進社會的信任與溝通。在長期推動社會企業並小有成果的英國,便對於從事公益的社區公司有相關公開組織經營的報告書要求,英國 2004 年通過的公司法(審計、調查與社區企業法)中,賦予該主管機關「社區利益公司管理局」可針對基於公益設立的社區利益

公司（Community Interest Company, CIC）進行管理，除有權調查社區利益公司之財務業務外，並必須依照比例性、有責性與透明性等原則對英國的社區利益公司做輕度管制，依法這些社區利益公司每年應公開並向主管機關提供「社區利益報告」（Community Interest Company Report），主要功能是確保這些公益公司遵守資產鎖定原則與履行法定相關規則，確保其實現社區利益。而社區利益報告的內容主要包括公益目的之實踐情形與公司財務資訊兩大項，前者必須說明在過去一年中公司為追求社區利益所做出的努力，以及公司與其推動的社會目的利害關係人的互動狀況；後者則是揭露包括董事之報酬、公司盈餘分派之數額以及公司資產變化等資訊，以確保公司資產與盈餘確實用於社區利益，而非流入董事或股東等私人之手，成為變相的盈餘分派。

　　所以在推動社會創新事業的同時，許多明確走在社會創新事業道路的公司都已經負責任地編製了共（公）益報告書，甚至也有少數公司已經開始編製永續報告書，除了明確在報告書中公布公司成立的社會目的，並記錄與分享公司成長的軌跡，主要呈現每個公司成立以來為達成設立的社會目的所做過的努力，具體透過公益報告書揭露公司的業務，並以數字呈現公司經營的道路上曾經努力做出的改變，這也是社會創新事業非常重視的「社會影響力」，目前社會創新事業中少數公司的

共（公）益報告書，更與聯合國永續發展目標結合，將公司的社會目的連結聯合國所推動的 17 項永續發展目標，並於共（公）益報告書中相對應呈現，這些公司透過共（公）益報告書揭露公司在社會創新上每年所推動的成果，但是國內對於社會創新事業的共（公）益報告書目前並無一定格式與內容的要求，也無如英國的社區利益報告書中有對於公司財務與人事資訊揭露之要求，對於公司的經濟面與治理面的資訊，我國目前共（公）益報告書除了沒有統一的規範外，公司核心的公司治理資訊揭露較為不足。

實例

　　2010 年 3 月成立的綠藤生物科技股份有限公司（以下簡稱：綠藤公司）除了是社會創新事業的領頭羊之外，其公司以長期編製共（公）益報告書，並於 2021 年將公司的共（公）益報告書更名為「永續報告書」，該報告書以不同面向來評估公司社會創新的成果，除了呈現公司的各項業績，並採用社會投資報酬率（Social Return on Investment, SROI）原則進行利害關係人價值調查，並參考全球永續性報告協會（Global Reporting Initiative, GRI）之通用準則 2021（Universal Standard 2021）揭露相關指標，以更標準化的格式揭露該公司社會企業的推動行動。

（二）第三方驗證

　　另一方面，企業社會責任在美國的發展也有很長的歷史，利用民間力量共同解決社會問題的非營利組織（NGO）在美國也早已全球化發展，所以美國也積極推廣社會創新事業，但因為美國各州法制不同，社會創新企業的組織型態繁多，而美國崇尚小政府、低管制，多提供租稅優惠以鼓勵私人從事公益，所以社會創新與企業社會責任都在美國發展蓬勃，主要分成兩個面向，一個是非營利組織的商業化，一個是商業企業的非營利化。關於社會創新事業，雖然美國各州州法各選擇不同的組織型態與要求，許多商業公司長期有相關企業社會責任的投入外，傳統的非營利組織也發展出自己營利支撐營運的模式，美國社會創新事業也發展出新的法定組織型態，其中以低獲利有限責任公司（Low-Profit Limited Liability Company, L3C）以及共益公司（Benefit Corporation）兩種最具代表性。低獲利有限責任公司必須於章程上表明公司明確積極追求一個以上的慈善或教育目的，且不是為了追求營利而存在，必須把公益置於公司營利之前；而公益公司則要求公司存在須在營利之外有另一項公益目的，至於投入的比例與次序則由公司自行決定，這兩種新興的社會創新組織型態都是透過民間商業的力量一起投入公益與社會問題的解決。

　　美國的社會創新組織同樣有依法登記的要求，但是都屬於低密度管理，所以對於公益目的確保與資訊揭露的要求，美國常常採用第三方認證的方式以確保這些社會創新組織達成其成立的社會目的，由公正第三方對於社會創新事業進行檢驗並提供認證，目前美國對社會創新組織進行認證的組織與標準也非常繁多，比較令人熟知的是 2006 年設立的認證機構——B 型實驗室（B Lab）所進行的 B 型企業認證，該認證 B 型企業主要所謂透過「商業影響力評估」（BIA），以確保公司持續進行社會創新任務，分別針對公司的公司治理、員工照顧、環境友善、社區發展、供應鏈和客戶影響力等面向，依該公司所在的市場、產業類別及員工人數規模進行客製化的量化評估，公司如果能達成該認證的相關要求 80 分以上，該公司便能獲得該組織的 B 型企業認證，但是在獲得認證前，公司被要求必須簽署同意書（B Corp Agreement）及完成揭露問卷（Disclosure Questionnaire），這些文件中詳列公司必須做出各種承諾，並要求日後公司若發生重大違規或訴訟事件都必須公開揭露，未來若該公司發生違反自行揭露或違規事項，經過該實驗室的委員會討論及董事會裁決後，公司將被要求改善並強制觀察，甚至被取消認證資格。美國社會創新事業透過第三方進行「社會影響力」評估等相關的認證，確保這些社會創新事業能持續實現其設立的

社會目的。

（三）社會創新組織登錄資料庫

我國目前雖未立法規範營利型的社會創新組織公司型態，所以並無對這些社會創新組織進行特殊的規範，但是目前為持續推動社會創新運動，已經由經濟部中小企業處創立了社會創新平台，並建立「社會創新組織登錄資料庫」，只要是運用創新方法解決社會問題的社會創新組織，都可以進行登錄，透過平台獲取資源消息及連結社會創新社群，該平台目前有將近 800 家的社會創新組織，其中營利型社會創新組織超過 500 多家，遠多於非營利組織的 200 多家，而營利型社會創新組織九成以上選擇以公司型態從事社會創新事業。

社會創新平台的資料庫內容免費提供公開參閱，讓社會大眾可以上網便能查詢社會創新事業的相關資訊，透過經濟部的聲明：「所載明之所有資料，僅供一般資訊公開揭露之用，並非就上述資料做特定背書及提供任何專業意見之用意，鑑於國內社會企業定義及定位尚未明確，本處無審核權限亦無擔保資料庫內容資料、物件資訊、上傳照片等內容，其真實性或完整性本處不負有任何責任」，可以知道平台上的資訊並未經過審核或認證，但是這樣的專屬公開平台已經提供國內的社會創新事業一個很重要的資訊揭露管道，在資料庫中非常多的

公司充分揭露了這些自己組織的社會使命與營運模式，並連結聯合國的 17 項永續發展目標，各組織在該平台上都努力呈現出自己組織的營運狀況，甚至有公司提供公司章程與社會影響力評估等相關資訊，讓瀏覽者可以輕易認識該社會創新組織的營運目標與成果；另外該資料庫更提供這些新創組織詳細的登錄名冊，包含組織的聯絡人、聯絡方式及產品服務，因為該平台提供了社會創新事業參與揭露的經濟上誘因，在追求影響力投資的時代，政府更就該平台的社會創新組織提供「Buying Power──獎勵採購社會創新產品及服務」及「中小企業信用保證基金社會創新事業專案貸款」兩項重要的服務，若社會創新組織完成該平台相關資料的登錄，踐行資訊揭露，除了可以讓社會大眾了解該組織的社會目的與經營狀況交易，該組織也能順利串接政府相關的資源，而該平台更表示 Buying Power 累計的採購金額已經超過 19 億元。

據統計，雖然我國的社會創新組織的規模多為五人以下的小型組織，但透過該平台所登錄的資訊揭露，我們可以看到國內社會創新的各個組織所關注之議題相當多元，目前多數組織主要投入的公益項目集中在生態、老年、教育等議題，有超過七成的社會創新組織主要營收來源為產品及服務銷售，可喜的是已經可以開始獲利之業者逐漸增多，可見國內的社會創新事業正朝氣勃

勃，朝著各種面向積極開展不同的社會使命。

實例

　　經濟部中小企業處所成立的社會創新平台也增加了社會創新發展地圖，除了各個社會創新事業的資訊揭露，各縣市政府亦自願提供相關檢視報告書，呈現每個縣市政府在聯合國 17 項永續發展目標上所做出的各項努力，該功能聚焦於政府公開資訊，鏈結各縣市自願檢視報告書（VLR）及聯合國永續發展目標的推動，提供全民了解不同縣市政府對於永續議題發展的努力。

三、企業永續的資訊揭露

　　然而，不只是社會創新事業會持續追求特定公益的作為與貢獻，很多企業早就長期投入特定偏鄉或弱勢群體的慈善工作，努力在實踐企業社會責任，而目前我國上市櫃公司於製作年報時也都透過積極編製「企業社會責任報告書」，以揭示該公司每年為社會公益的付出，而隨著全球重視企業如何處理環境、社會與治理（environmental, social and governance, ESG）的問題，ESG 成為當今最重要的議題之一，各國政府都積極推動

民間企業共同參與環境與社會的治理，畢竟地球只有一個，環境的破壞與劇烈的氣候都已經對人類生活與生存造成威脅，很多社會問題最終也可能造成整個國家與社會的動盪與革命，這些都將影響國際的投資與產業的發展，我國金融監督管理委員會於 2020 年發布「公司治理 3.0──永續發展藍圖」便將公司治理的要求提高，要求上市櫃公司必須正視環境、社會與治理的重要性，並將企業社會責任報告書改為「永續報告書」，加入國際間相關非財務揭露之準則編製規範，透過要求企業編製報告書以強化企業的揭露義務，敦促各大企業一同加入環境、社會與治理的努力。

　　金融監督管理委員會於 2022 年 12 月公布「公司治理 3.0──永續發展藍圖」的五大主軸，其中「提高資訊透明度，促進永續經營」考量國際投資人不只在乎企業的財務績效，也重視企業在環境、社會及治理的相關議題的表現，因應永續投資的需求，企業必需編製「永續報告書」以提高資訊透明度，而不論是公司公益名稱的昭示，到大小公司間編製共（公）益報告書、編製企業社會責任報告書或永續報告書等要求，都是希望透過資訊揭露的作用，確保社會創新事業及企業不只是主觀上積極投入公益，客觀上能將其公司所投入對環境與公益的行動提出具體的結果報告，確保公司沒有進行所謂「掛羊頭賣狗肉」的假公益、假永續的作為，所以「永

續報告書」中關於企業非財務資訊的揭露，必須提供科學化完整的、具備可比性、正確性與一致性的資訊，企業的永續報告書未來將作爲有助於投資人決策之重大資訊。

四、永續報告書編製標準與第三方驗證

　　爲了讓企業所編製的永續報告書能具體顯示出企業重視 ESG 相關議題的作爲，主管機關要求各企業除了必須依照國際會計準則編製財務報告，也要求特定資格的上市櫃公司必須參考美國永續會計準則委員會（Sustainability Accounting Standards Board, SASB）發布之準則編製永續報告書，目前除了採用最初提倡 ESG 的全球永續性報告協會（Global Reporting Initiative, GRI）之 GRI 準則，並建議上市櫃公司可加入參考氣候相關財務揭露規範（Taskforce on Climate-related Financial Disclosures, TCFD），強化永續報告書之資訊揭露，如證券交易所便明文要求：「上市公司應每年參考全球永續性報告協會發布之通用準則、行業準則及重大主題準則編製前一年度之永續報告書，揭露公司所鑑別之經濟、環境及社會重大主題與影響、揭露項目及其報導要求。」雖然企業在 ESG 的作爲非屬於過去企業

慣常揭露的財務資訊，但是各種國際準則都要求公司必須藉由編製永續報告書以提供公司對於環境、社會與治理方面可量化及可靠的資訊，協助投資人進行影響力投資等相關決策；其中若加入 TCFD 準則，該準則便是專注於提供投資人關於企業本身面臨氣候風險的具體量化資訊，而 SASB 揭露準則便著重揭露關於各產業對財務有重大性影響的指標。

　　全球永續性報告協會的 GRI 標準目的是讓全球的企業都能使用一種共通語言來進行非財務資訊的揭露，要求企業的永續報告書內容應涵蓋相關環境、社會及治理（ESG）之等多項主題的風險評估，並要求公司訂定相關績效指標以管理其所鑑別之重大主題，並且聯合國的永續發展目標（SDGs），使全球的企業能更加透明地呈現其對於經濟、環境、社會的影響。企業透過依循以上國際準則所編製的永續報告書，在編製過程可以具體進行 ESG 的風險管理，並確認企業在 ESG 的具體措施與作為。但考量國內不同產業彼此間的差異太大，主管機關對於永續報告書的編製採取不同的標準，除了對於特定產業要求永續報告書上必須以專章依照 TCFD 準則揭露氣候相關資訊，目前並要求實收資本額達 20 億元之上市櫃公司，自 2023 年起即應編製並申報「永續報告書」，未來也將循序漸進擴大對於國內各上市櫃公司永續報告書的要求。

　　另一方面，為了提升企業編製永續報告書的品質，主管機關更導入了第三方驗證，目前強制食品工業及特定餐飲業、化學工業、金融保險業，應依產業別加強揭露永續指標，並建議這些產業的永續報告書「應取得會計師依財團法人中華民國會計研究發展基金會發布之準則所出具之意見書」，即要求這些公司的永續報告書必須經過會計師確信之後提供驗證的意見書，也就是透過第三方驗證以提升永續報告書的信度，未來第三方驗證的要求也將持續擴大至水泥工業、塑膠工業、鋼鐵工業、油電燃氣業、科技電子業等更多產業，由於永續報告書有規範揭露的準則，透過這些公司的永續報告書中各項指標揭露，便可以得知各個企業就不同的永續主題所進行的努力，所有利害關係人都可以透過永續報告書的資訊揭露與企業溝通，並了解各個企業對於 ESG 上的各種決心，這將是未來上市櫃公司非常重要的資訊揭露工作。

實例

　　參考台積電 2022 年所編製的永續報告書，其呼應聯合國永續發展目標（SDGs）鏈結公司核心優勢，彙整出綠色製造、建立責任供應鏈、打造多元包容職場、培育人才，以及關懷弱勢等五大 ESG 發展方向；並承

諾透過積極落實減排措施優化公司的永續作為，台積電目前所設定的短期目標為 2025 年達排放零成長，中期目標於 2030 年回到 2020 年排放量，並於 2050 年達到淨零排放目標。台積電並於 2021 年發布首份氣候相關財務揭露（TCFD）報告書，透過治理、策略、風險管理、指標與目標，推動氣候調適及減緩管理，成為揭露相關領域資訊的產業先驅。

思考小練習

1. 如果某號稱追求環保永續的股份有限公司為達成其公司的盈餘與特定社會目的，要求自己的員工必須提供一定工作時數為公司擔任義工，這樣的公司稱得上是社會創新事業嗎？
2. 號稱扶助弱勢並關懷高齡的服務機構，在超高齡的社會中業務興旺，並每年製作精美的共（公）益報告書，但是公司卻將大部分盈餘回饋股東，且不必向外界揭露財務報表，這樣有符合社會創新事業的要求嗎？
3. 在政府所推動的上市櫃公司的永續報告書中，如果每個公司不依照相同的 GRI 準則就產業制定重大主題、評估風險與指標，身為一個投資人要如何做出明確永續投資的決定？

延伸閱讀

- 黃朝琮，環境、社會與治理（ESG）資訊揭露之規範——以重大性之判斷為核心，臺北大學法學論叢，第122 卷，2022 年 6 月，頁 1-111。
- 潘昭容、黃瓊瑤、孔祥慧、買馨誼，ESG 永續性報導準則與實務專題——GRI 通用準則改版（一），月旦會計實務研究，第 56 卷，2022 年 8 月，頁 73-87。

社會創新事業修法建議

方元沂 *、江永楨 **

一、從共益、兼益公司法草案到社會創新組織平台

二、社會創新事業運作的障礙

三、訂定社會創新事業專法之必要

四、社會創新事業規範建議

---

* 中國文化大學法律學系教授兼永續創新學院院長。其他職務及經歷：中國
文化大學教務長、學務長、中國文化大學法律學系財經組主任、台北大學
法學院法律系、東吳大學法學院兼任教授、美國紐約州執業律師、金融評
議中心評議委員、中華民國仲裁協會仲裁人、證券櫃檯買賣中心上櫃審查
委員、台灣證券交易所上市審查委員、行政院國家發展委員會訴願審議委
員會委員。

** 臺灣屏東地方法院法官。

摘要

自 2014 年社會企業行動方案，至 2018 年社會創新行動方案，我國始終以先行政、後立法之方式推行社會創新事業，目前經濟部雖已訂定「社會創新組織登錄原則」，符合該規則條件之社會創新組織，即可登錄於「社會創新組織登錄資料庫網站」，然而，該規範僅係行政規則，不具有強制力，我國公司型社會創新事業仍然無法有效防範洗綠，公眾難以將之與戰略慈善區分，追求股東利潤最大化之公司組織仍與社會創新事業之社會目的難以相容，社會創業家仍有遭受營利股東挑戰之危險，非營利組織方面的合作社型社會創新事業常面臨資源不足，及現有財團法人法和公益信託法無法支持社會創新事業發展。是以，社會創新事業欠缺量身定做之組織型態，不僅難以確保使命永續，也需要耗費更多的溝通成本才能獲得消費者、投資人的支持，難以長久經營與規模化發展。為解決上開制度困境，建議制定明確之社會創新事業專門規範，明確於法規範中架構每一社會創新事業皆應具備「組織章程鎖定社會使命」、「經營者當責」與「透明揭露」之使命鎖定三要素，並新增社會創業家可以選用的「組織」新選項，以確保使命永續，節省溝通成本，帶動社會創新事業穩定發展。

學習點

1. 理解社會創新事業於我國法制下運作之困境
2. 理解社會創新事業使命確保機制三要素：章程使命、經營者責任、公益報告揭露
3. 理解社會創新事業立法規範之必要與內容

關鍵詞

混合價值組織、契約典範、洗綠、社會創新組織登錄原則、共益公司、兼益公司、股東利益最大化原則

一、從共益、兼益公司法草案到社會創新
組織平台

　　兼益公司與共益公司（Benefit Corporation）雖然名稱不同，但在概念上則是相當一致，均是一種社會使命型公司，即以商業手段達成社會使命的企業組職。「兼益」（profits with purpose）公司所隱含的是兼顧公司獲利與照顧社會、環境利益的公司社會使命，G8報告指出，兼益企業是一種全利潤分配（fully profit-distributing），並具備長遠承諾最優先實現並報告其社會影響力的企業，兼具了利潤分配與社會目的之企業；至於「共益」（benefit）[1]公司，則是發源於美國之公司法改革，共益一詞所隱含的是與社會、環境共享、共利及共好，其是一種新型態的公司組織，透過將社會性的基因序列（DNA）植入公司中，使其能藉由商業經營的力量，來解決當前社會和環境的問題。因此，不論是兼益公司或共益公司，在概念上都是指一種沒有資產鎖定或是盈餘分派限制，並具備使命鎖定機制，能夠確保組織長久之維繫，並且達到一定程度的社會影響力的新型態公司。

　　我國兼益公司與共益公司法草案主要源自 2016 年

1　其與Ｂ型企業（B Corps）並不相同，Ｂ型企業須認證，且無法確保使命延續。

至 2017 年「民間公司法修法委員會」針對政府公司法修法的建議，其提出了「兼／共益公司法專章」的建議案，形成國內引進此類社會使命型公司的修法倡議運動。而在其影響之下，時任立法委員的許毓仁、蔣萬安提出了「共益公司法專章」（主要參考美國德拉瓦州公益公司法為版本），隨後 2018 年時代力量黨團黃國昌等立委的「兼益公司法專章」版本，也促使了經濟部王美花次長於 2018 年 5 月 18 日召開研商「共益公司／兼益公司納入公司法之立法政策」的會議，但於同年 6 月 28 日立法院政黨協商仍無法達成共識，但做出了「請經濟部於本法（公司法）修正後一年內，邀集相關單位，就社會企業、兼益公司、共益公司，做跨部會的討論後，評估是否於公司法定專章，或制定專法」之附帶決議，而經濟部於 2019 年提出先以社會創新組織平台的行政措施，納入兼益公司、共益公司草案的精神來試行之。

在「民間公司法修法委員會」的「兼／共益公司法專章」建議案中，對於各國發展公司型社會企業或使命公司的立法做出了以下的分析：

首先，歐陸對社會企業的立法，主要可分為三種模式：一是合作社模式（co-operative model）；二是公司模式（company model）；三是開放模式（open form model）。其中以公司模式的公司型社會企業立

法者，有比利時的社會目的公司（Société à Finalité Sociale, Social Purpose Company）、英國的社區利益公司（Community Interest Company, CIC）以及義大利的共益公司（Società Benefit）等。

其次，在英國則以社區利益公司爲主要模式，其於公司法下設新公司形式作爲社會企業可選用之組織，其立法初衷乃係「非營利部門」需要一種新型態的公司組織類型，能將其利潤和資產用於公共利益，並希望能藉由這種新型態的公司形式，爲社會企業的發展營造有利的生態環境。CIC 規範的特色有四：（一）成立採取許可制，需經過「社區利益公司管理局」（The CIC Regulator）評估通過「社區利益測試」（community interest test）後始得成立；（二）包含盈餘分派限制、績效利息限制以及資產轉讓限制在內之資產鎖定（asset lock）原則；（三）年度公開並向主管機關繳交之社區利益報告；（四）主管機關廣泛的監督權限。主管機關從公司成立、營運至解散皆嚴格監管，實然是偏向非營利組織管制模式之公司法立法。

至於在美國公司型社會企業相關立法，主要是置於市場下思考，欲改革公司追求股東財務利益最大化的基本原則，其立法形式多元，計有低獲利有限責任公司（Low-Profit Limited Liability Company, L3C）、共益有限責任公司（Benefit Limited Liability Company,

BLLC）、社會目的公司（Social Purpose Corporations, SPC）、共益公司等。目前以共益公司立法為主流趨勢。

　　共益公司自 2011 年馬里蘭州首度通過以來，全美已有 35 個州以及華盛頓特區採用，透過在股份公司法下設專章規範。模範共益公司法（Model Benefit Corporation Legislation, MBCL）之規範重點有：（一）公司章程應記載一般性公益目的（general public benefit），並得有一個以上特定公益目的（specific public purposes）；（二）公司之董事及經理人應考量股東以外之利害關係人利益；（三）使用獨立第三方標準出具年度公益報告，並將公益報告交付股東且於網站上公開；（四）公益執行訴訟；（五）得設置公益董事與公益經理人；（六）涉及共益公司地位之轉換，必須經由絕大多數決議（super majority）。

　　值得注意的是，各州的共益公司立法因政策考量而存在不同的彈性之差異，例如德拉瓦州之共益公司立法（Public Benefit Corporation, PBC）為共益公司立法較為寬鬆之變體，其在 2013 年立法，2020 年再修正，其規範重點為：（一）公司章定特定公益目的（specific public benefit），無須章定一般性公益目的；（二）董事平衡（balance）決策的義務與免責保護；（三）公益報告得兩年出具一次，亦無需使用第三方標準；（四）

涉及共益公司地位之轉換，必須經由多數決議。

實例　台灣大誌雜誌爭議

　　台灣大誌雜誌為大智文創志業有限公司所發行，其取得英國《大誌》授權，並於 2010 年 4 月 1 日正式創刊發行台灣版《大誌》，然而因為台灣的公司法欠缺提供社會企業或社會使命型公司合適的法律規定，導致其引發假公益真營利的爭議。

　　不同於台灣，發行英國大誌雜誌的公司 The Big Issue Company Ltd.，其公司型態為「保證／人保公司」（company limited by guarantee），係一英國法中特有的公司型態。由於該公司對盈餘分派設有條件上的限制，且公司成立並沒有來自股東認購股份所需的資金，因此在英國這類型的公司多半是非營利單位為尋求法人格，方便經營所選用的公司型態之一。而且「保證／人保公司」可以允許創業者透過更嚴格的資產鎖定（asset lock）標準，將自身轉化成類似英國「社區利益公司」（Community Interest Company, CIC）的公司型態，成為英國社會企業（「社會企業」在英國並非法定的公司型態，而是包含了 CIC、合作社及非營利組織等組織型態的概念）。

二、社會創新事業運作的障礙

　　自 1976 年尤努斯在孟加拉成立鄉村銀行，創立社會企業之先驅後，「社會企業組織」或「社會創新組織」，此種「以商業模式解決社會問題」之商業組織席捲全球已有相當一段時間，我國亦不落人後，行政院於 2014 年提出之「社會企業行動方案」，希望達到「營造有利於社會企業創新、創業、成長與發展的生態環境」之目的，又於 2018 年提出「社會創新行動方案」，希望能「建立社會創新友善發展環境，發掘台灣多元社會創新模式，並扣合聯合國永續發展目標之推動方向」，而排除社會創新組織法規障礙、增進全民認知、優化資金活水，始終是上開兩方案重要的發展目標。惟自 2014 年以來，台灣社會創新組織存在之法規障礙，在政府「先行政，後立法」之政策推行主軸下，始終存在未曾消失，以下略述之。

　　台灣社會創新事業（以下簡稱：社創事業）可以使用的組織形式，在非營利組織方面，包含財團法人、學校、協會等；在營利組織方面，包含公司、合夥、有限合夥、合作社等。於非營利組織方面，現行法律為確保該等組織之公益性質，進行嚴格之法規監管，非營利組織難以靈活投入資金於公司型社會創新事業中，例如財團法人法對於資金動用嚴格規範，只能以財產總額 5%

購買股票，且持股比率不得超過該公司資本額 5%，致
使非營利組織難以拓展商業業務；次者，董監事無給職
的設計，亦致使非營利組織難以招募優秀人才。加以非
營利組織涉及中央與地方許多主管機關，行政管理與法
令複雜繁瑣，致使非營利組織在嚴格的法令規範下，難
以彈性發展商業活動。

　　此外在合作社發展社會創新的部分，國際上各國合
作社的發展相當多元，根據國際合作社聯盟資料顯示，
全球有超過 300 萬家的合作社，12% 以上的人口是合
作社社員，創造了全球 10% 近 2.8 億的就業人口，數
字相當驚人。全球前三百大的合作社，營業額上看 2.1
兆美元，類型橫跨保險、農業與食品、批發零售、儲蓄
金融、工業及公用事業、醫療教育、社會關懷等各種產
業。反觀國內目前合作社有 3,888 家，相較於國際，數
量和應用上仍有開拓的空間，其中主要的法規障礙，就
是合作社法中對於結餘要分配回社員的限制，無法導入
「共益目的」。應該放寬此限制，讓結餘未必要分配回
社員，只要經過社員大會同意，就可用於社會公益的分
配或支持社會創新。

　　至於營利組織中的代表性組織——公司，公司法第
1 條即規定「公司為營利目的之社團法人」，第 23 條
又規定「公司負責人應忠實執行業務並盡善良管理人之
注意義務，如有違反致公司受有損害者，負損害賠償責

任」，一旦公司不以營利為目的，而未追求公司股東利益最大化時，若有股東對公司提告，則公司負責人很有可能被認違反其對公司之受託義務。於法理上而言，雖然負責人在股東利益最大化下可考量股東長期利益，從企業形象出發來照顧其他利害關係人，但若在股東與利害關係人利益衝突時，本質上仍需以股東利益優先，亦即，負責人不能明目張膽地考量利害關係人利益，而必須以長期或無形中有利股東利益，方能為社會性考量。另外，公司型態之社會創新事業（以下簡稱：公司型社創）若未將所營之利分配盈餘給股東，想保留多數盈餘甚或全部盈餘皆不分派，以投入所營事業持續支持公司之社會使命，恐非屬合理範圍，將侵害股東權益而違反公司營利本質。

又，公司營利性質的設計，無法確保經營者能夠忠實執行社會使命，以將社會使命長久維繫於公司組織中。更甚者乃是，在營利目的之指引下，於股東財務利益與公司社會使命衝突時，經營者容易犧牲社會使命及利害關係人之利益，屈從於公司之短期財務利益下。此外，現行法並無一定之治理機制可以要求經營者持續執行社會目的，公司型社創可能招徠社會理念不盡相同之股東，不僅難以整合內部意見，致使公司之社會使命難以永續，亦容易在面對併購或是經營者更換時，輕易地捨棄了社會使命。

是以，現行法並無一套專門爲混合社會目的與商業手段之「混合價值組織」供社創事業使用，社會創業家必須「隱身」營利組織或非營利組織中，在企業「戰略慈善」之行銷手法之攻勢下，公眾很難區辨組織履行社會責任的層級和密度，創業家在面對市場、客戶、員工，以及投資人時，需要付出更多行銷、溝通、募資、求才的成本，才有可能吸引到具有相應社會意識之利害關係人支持；投資人與消費者也需耗費較多的心力查證，才有辦法辨別與支持社創事業，在缺乏一套共通的信賴基礎下，社創事業實難以受到辨識與支持。

三、訂定社會創新事業專法之必要

　　2018 年社會創新行動方案定調後，經濟部訂定「社會創新組織登錄原則」，符合該規則條件之社創組織，即可登錄於「社會創新組織登錄資料庫網站」，登錄於該網站即符合「Buying Power 社會創新產品及服務採購獎勵」機制的採購對象，鼓勵公私部門優先購買支持，若公私部門採購達於一定標準，將受政府頒獎獎勵。而該規則規範之登錄條件主要爲：須於該網站揭露其章程、合夥契約或有限合夥契約中有關社會使命之內容，並年度定期揭露更新組織基本資料、社會使命及營運模

式、營運現況、年度成果及社會影響力呈現，另營利事業需揭露公益事項辦理情形及政府補助款所占收入來源比例；非營利事業則需揭露商業行為所占收入來源比例及財務報表等。

　　「社會創新組織登錄原則」雖有規範未揭露或未更新者，經濟部得通知限期改善，屆期未改善者，將得移除社會創新組織登錄資料庫網站。然該規範僅是行政規則，欠缺法律之執行力，網站內之揭露並無統一標準，揭露品質良莠不齊，並無將相關揭露資料整理歸納公布，也無提供權益受損者相關救濟機制。是在上開軟弱之規範下，公眾仍然難以在一片宣稱「負社會責任」、「綠色」或「永續」的宣言中區別與辨識真正負有社會性質的事業。於 2023 年 2 月，以「社會企業」、「社會創新」為關鍵字查詢經濟部商業司之商工登記資料，即有近 300 家公司名稱中冠以上開關鍵字，該近 300 家公司，與登錄於組織登錄資料庫網站者不盡相符。在「社會企業」、「社會創新」理念逐漸普及並受公眾接受、支持後，「社會性」具有極佳的廣告效益，可用以取得市場優勢和利益，然因缺乏明確且嚴謹的規範，使有社會之實者不願以社會性自居，無社會之實者則欲以社會性之黃袍加身之風氣，恐已悄然成形。

　　法律的欠缺導致資訊的混亂，加以政府始終以政策來發展社創組織，欠缺統一事權主管機關，社創事業的

發展隨著政策更迭而持續力不足，公司型社創仍然無法有效防範洗綠，合作社型社創常面臨資源不足，而現有財團法人法和公益信託法無法支持社創組織發展。社創事業不僅無法永續經營，亦難以規模化發展。

實然，法律不只是規範社會行為，也具有「導引典範」的功能，透過法律給予社創事業一個基礎的「法律地位」，加諸合適的限制和責任，建立良好秩序和遊戲規則，就像是給予社會創業家進入新手村的「新手裝」，可以讓所有的利害關係人──創業者、投資人、消費者，有一個基礎的對話框架，節省交易成本，使資源得以挹注社創事業，促進社創事業的蓬勃發展。在非營利組織方面，可以讓非營利組織發展社創事業、實踐社會使命時更有彈性，不受限於因法規不明而致其在設立公司的障礙；亦可結合公益團體自律聯盟等第三方組織，確保非營利組織發展社創事業時能符合標準，揭露責信。

至於在營利組織方面，可以解決公司營利本質與社會目的難以相容的問題，確保公司型社創實踐社會使命，並使社會使命永續存在；更可以透過統一的揭露標準與執行力，防止社會創新淪為廣告宣言；再禁止無社會之實者使用社會性質的稱號，以解決洗綠問題；末將可以引領、串聯所有的非營利組織、營利組織攜手合作，共同致力於社會影響力。從而，本文認為，實有獨

立訂定社會創新事業專法之必要。

四、社會創新事業規範建議

　　社創事業專法立法之目的，在於鼓勵具有社會創新使命之營利與非營利組織能在台灣成長茁壯，以帶動更多的事業致力於發揮社會影響力。因此並非將社會企業或社創事業硬性定義，高密度集中管理，只是新增社會創業家的「組織」新選項，架構社創事業進入追求社會使命的「契約典範」，使社創事業得使用該地位，並於其設立之組織基礎上，以章程設計更嚴格規範，鼓勵層級化之社創事業體系發展。是本法為「組織法」，亦即社創事業成立、運作乃至退出之相關規範，符合本法要求之社創事業，即應登錄於主管機關所建置之社會創新事業登錄資料庫網站，所有社創事業皆應於該網站上定期揭露法定應揭露之資訊，讓外部人可以了解事業的商業經營模式與社會影響力，讓市場機制能監督事業自律。

　　對於未依規定揭露之社創事業，則應賦予主管機關輔導或處罰之執行機制，如限期改善、罰鍰與移除登錄，主管機關並應定期公告違規與改進狀況，以作為利害關係人監督、投資、採購之參考。法規範應依事業的

規模和發展程度，做大小分流的揭露，避免增加初創事業的成本，並不強制揭露商業秘密等敏感資訊，亦不強制要求認證。又本法規只是規範低密度的揭露規定，社創事業可以自由選用第三方標準來符合自己的揭露密度，或是自行取得具有社會公信的第三方認證來自我標榜。本法並授權給主管機關，滾動式修正第三方標準的認定。此外，本法並不連結政策、稅務優惠，社創事業需另行符合各該主管機關所規定之標準始能取得該政策或稅賦優惠。

於主管機關方面，建議我國可仿效英國社區利益公司管理局（獨立法定機構，由兼任審查員及專任職員組成，負責監理社區利益公司），成立管理委員會，整合政府、企業、社創組織三方資源，共同推動社會影響力。另在治理模式，即組織社會使命之使命確保機制，不可或缺之三要素為：（一）組織章程鎖定社會使命；（二）經營者當責；與（三）透明揭露。故於非營利組織之社創事業，應強化其財務揭露和治理，並放寬法規限制，是建議立法明定非營利社會創新事業，應於組織章程中明定社會目的之營運計畫，並於社會創新事業登錄資料庫網站中定期揭露、更新：組織基本資料、社會目的及營運模式、營運現況、年度成果及社會影響力呈現、商業行為與政府補助款所占收入來源比例、財務報表，並明定非營利組織之社創事業，可投資依本法所規

範之營利型社創事業。

　　於營利組織型態之社創事業，建議新增一種共益或兼益（即營利兼具社會影響力）公司型態之社創事業供社會創業家選用——即共益公司或兼益公司。立法明定各個營利型社創事業組織應在其組織根本大法——公司章程、合夥契約或有限合夥契約中，明定社會目的，以求將社會性植入該營利組織的 DNA 中，使事業經營者和投資股東，能明瞭組織使命並受其約束，確保社會性得以永續。該社會目的，包含「一般社會目的」或「特定社會目的」。「一般社會目的」，指事業之經營對社會和環境整體有實質正面影響，簡言之，就是需以對社會和環境有益的方式營利，社創事業不能不計代價地追求社會或營利的目的，而犧牲了其他環境或社會價值。「特定社會目的」，指以聯合國永續發展目標（SDGs）或我國關切社會議題為組織目標及其社會目的，包括：（一）提供產品或服務予有扶助必要之個人或社區；（二）除一般商業活動所創造的就業機會外，提升個人或社區的經濟機會；（三）保護或回復環境；（四）改善人類健康；（五）促進藝術、科學或知識的進步；（六）促進資本流入對社會或環境有益的組織；（七）其他有助於社會或環境者。

　　就「經營者當責部分」，建議立法明定營利型社創事業之經營者，尤其是公司負責人有應考量利害關係人

之義務，並引入美國法經營者受任人義務之商業判斷原則（Business Judgment Rule），只要公司負責人係在資訊充分、具獨立性且無利益衝突下，善意且合理相信其係符合章程所定社會目的，以及符合公司最佳利益者，推定其已盡善良管理人之注意義務及忠實義務，以降低公司型社創經營者之風險，使負責人不會因為追求社會目的受股東究責。再者，應容許公司型社創得以設立追求社會目的專責的董事或專責經理人（或稱為公益董事、公益經理人），負責落實公司的社會目的，並應於共（公）益報告書中說明公司落實社會目的的狀況。

又就「透明揭露」部分，建議立法明定營利型社創事業應於社會創新組織登錄資料庫中揭露、更新上開社會目的之章程或契約原文。另亦應定期揭露、更新組織基本資料、營運現況、年度成果及社會影響力呈現狀況〔即共（公）益報告書〕、財務報告。

另關於其他配套措施部分，立法應規範公司型社創得基於公司之社會使命，在公司章程中訂定分派股息及紅利，與分派賸餘財產之順序或其他限制，以免除在現行公司法下，章定盈餘分派或賸餘財產分派限制，可能悖於公司營利本質的法律風險。現行公司，亦可透過於章程中載明社會目的，並自願執行揭露規範，而變更成為公司型社創。至於公司型社創，亦可透過刪除公司章程中之社會目的，而變更為一般營利性公司，但皆應賦

予反對變更之股東，請求公司透過當時公平價格收買其股份之股東收買請求權，以充分保障公司股東的權益。又，為避免大眾之混淆與誤認，以保障交易安全，應立法明定社創型營利事業，得於名稱中標明「共益」或「兼益」、「社會創新」或「社會企業」的性質。不符合本法之社創型營利事業資格者，不得使用上述名稱，或易於使人誤認為社創型營利事業之名稱。

綜上所述，透過專法得以架構新市場規則，賦予社創事業法律地位，鼓勵非營利組織社會創新事業導入企業經營與治理模式，而營利組織社創事業則得以導入鎖定社會使命，並允許分配利潤的共益或兼益經營模式，且在要求事業經營者當責的同時，降低其經營風險；其次，引入彈性分級的陽光揭露與監督執行機制，將促進社創事業自律，使社會影響力的使命長久永續。立法並得以鏈結聯合國永續發展目標（SDGs），搭起對外接軌國際之橋梁，吸引更多國內外的資源、資金及力量挹注，創造更為巨大的社會影響力。

思考小練習

甲與乙一起成立了冰淇淋食品股份有限公司，公司設立時，甲與乙就宣示自己對社會付出的決心，除堅持販賣最高品質的純天然冰淇淋與相關產品外，在生產過程、包

裝材料選擇等各方面都設有嚴格的環保標準，而且所使用的乳源皆採購自當地小農，並每年提撥 7.5% 的稅前盈餘給公司總部當地的公益團體，來支持各種社區服務計畫，此外，該公司內部也制定了不裁員政策，當公司內部職位有異動或改組時，員工會被轉調到與原工作執掌相近的職務。然而，嗣後因兩位創辦人年事已高，加上因經營競爭而有出售公司的必要，其是否能將公司販售給另一間開價低，卻與他們經營理念相符的公司？

延伸閱讀

- Rick Alexander, Benefit Corporation Law and Governance: Pursuing Profit with Purpose, Berrett-Koehler Publishers, October 16, 2017.
- 方元沂、江永楨，社會使命型企業──社會企業概念分析及修法芻議，華岡法粹，第 63 期，2017 年 12 月，頁 67-129。
- 方元沂，從「社會企業」到「社會創新」，臺灣社創的難題？會計研究月刊，第 425 期，2021 年 4 月，頁 64-68。
- 公司法全盤修正修法委員會，第三部分修法建議第四章公司設立、登記、組織轉換，http://www.scocar.org.tw。
- 社企流、願景工程基金會，永續力：台灣第一本「永續發展」實戰聖經！一次掌握熱門永續新知＋關鍵字，果力文化，2022 年 11 月 7 日。

- 周振鋒、張心悌、方元沂、方嘉麟、曾宛如、朱德芳、杜怡靜、林國彬、洪令家、洪秀芬、蘇怡慈、陳彥良、馬秀如、黃銘傑，變動中的公司法制：17 堂案例學會《公司法》（二版），元照，2019 年 9 月 1 日，第 15 篇。
- 喬治・塞拉分，目的與獲利：ESG 大師塞拉分的企業永續發展策略，天下文化，2022 年 8 月 31 日。
- 瑞貝卡・韓德森，重新想像資本主義：全面實踐 ESG，打造永續新商模，天下雜誌，2021 年 8 月 25 日。
- 賴英照，從尤努斯到巴菲特 —— 公司社會責任的基本問題，台灣本土法學雜誌，第 93 期，2007 年 4 月，頁 150-180。
- 劉子琦，英國社會企業之旅：以公民參與實現社會得利的經濟行動，新自然主義，2015 年 8 月 24 日。

第六章

永續發展與社會創新發展政策

康廷嶽 *

一、永續發展引導社會創新發展政策

二、英國社會創新發展與政策

三、歐盟社會創新發展與政策

四、美國社會創新發展與政策

五、新加坡社會創新發展與政策

六、韓國社會創新發展與政策

七、我國社會創新發展與政策

八、本章小結

---

* 台灣經濟研究院研究八所副所長暨研究員。其他職務及經歷：台灣經濟研究院中小企業研究中心副執行長、地方創生專案辦公室主任、農委會農村社區企業經營輔導審議小組委員、中華創業育成協會理事、新北市青年諮詢委員、輔仁大學經濟系兼任助理教授、行政院中小企業政策審議會副執行秘書等。長期擔任政策智庫角色，擔任國家發展委員會、經濟部、農委會、文化部、教育部等相關部會計畫之主持人，尤以協助跨部會之「社會創新行動方案」、「地方創生會報」與「青年諮詢委員會」等幕僚，期待發揮智庫角色與價值，促進公私民合作交流更加深化，並期待發揮社會影響力讓台灣更美好。專業領域：社會創新、地方創生、產業經濟、中小企業、國際貿易等，亦重視青年發展與 SDGs、ESG 等永續發展之領域。

摘要

全球因氣候變遷、地緣政治、經濟不確定等因素影響，使得社會、經濟與環境問題日趨複雜且困難，因此「社會創新政策」漸受到關注，尤以聯合國在 2015 年提出全球須共同投入的 17 項永續發展目標（SDGs）。我國行政院於 2018 年通過「社會創新行動方案」，為跨部會、涉及多元組織及領域的重大政策，以推動社會創新來找出解決社會問題之新途徑，逐步達成聯合國 SDGs。在聯合國推動之下，不僅世界各國以政策、採購與報告等多元方式積極參與 SDGs，企業界更提出 SDGs、ESG 相關永續報告並調整營運模式，甚至全球性投資機構更以相關準則與影響力進行投資評估，在在顯示社會創新不僅具公益性質，而是同時具商機且更永續的發展方向。本章將介紹永續發展如何引導社會創新發展政策，並且分析英國、歐盟、美國、新加坡、韓國等國際主要國家的社會創新發展，以及介紹我國社會創新行動方案的發展背景與政策脈絡，有助於讀者更了解國內外社會創新相關政策的發展脈絡、特點與差異，進一步了解社會創新如何透過政策落實。

學習點

1. 理解 SDGs 與社會創新政策之關聯
2. 理解社會創新定義
3. 理解歐美英新韓等國的社會創新政策推動脈絡
4. 理解我國社會企業與社會創新政策推動脈絡
5. 理解行政院社會創新行動方案內容

關鍵詞

社會創新政策、永續發展、社會創新行動方案、國際社會創新政策

一、永續發展引導社會創新發展政策

（一）永續發展驅動社會創新

　　有鑑於全球社會、經濟、環境發展的挑戰日趨複雜，世界經濟論壇於 2023 年 1 月 11 日發布的「2023年全球風險報告」（Global Risk Report 2023, GRR 2023）[1]，特指出「在地緣政治和經濟環境不平衡的世界裡，環境及社會面危機將是未來 10 年的最大挑戰」。由 GRR 2023 綜整全球風險認知調查（Global Risks Perception Survey, GRPS）結果發現，全球未來兩年與 10 年內的最大風險，分別是生活成本增加與氣候行動失敗，且長期（10 年）可能出現並加速惡化的經濟、環境及社會面風險。此外，GRR 2023 最後強調世界針對各種風險的準備程度將決定「韌性（resilient）世界」的未來樣貌。

　　基此，社會創新（social innovation）近年來受到國際關注，因其強調藉由創新與科技的應用，創造與改變社會各群體之間的關係，藉此找出解決社會環境問題的新途徑。國際上引領社會創新發展的，可歸因於聯合國在 2015 年提出全球須共同投入的 17 項「永續發

1　參考資料：https://tccip.ncdr.nat.gov.tw/km_abstract_one.aspx?kid=20230119104023。

展目標」（Sustainable Development Goals, SDGs），由 193 國簽署同意將 SDGs 視為世界各國於未來 15 年（2016 年至 2030 年）具體行動的指導原則，並以「不遺漏任何人」（leave no one behind）為核心承諾，強調永續發展是個人、企業、國家層級所共同合作推動，因此 SDGs 發布成為推進永續發展的關鍵里程碑。相較聯合國 2000 年所訂的「千禧年發展目標」（Millennium Development Goals, MDGs），SDGs 更強調從公部門、私部門與民眾等多元管道協助創新發展，因而第 17 項 SDGs 即說明需建立跨部門、跨領域的協調機制及策略之全球夥伴關係。此與社會創新強調透過推動公私民夥伴關係（public-private-people-partnership）來共同實踐的概念不謀而合。

在聯合國推動之下，不僅世界各國以政策、採購與報告等多元方式積極參與並落實 SDGs，企業界更提出 SDGs 相關永續報告並調整營運模式，甚至全球性投資機構更以 SDGs 相關準則與影響力進行投資評估，進而引導目前當紅的 ESG（environmental, social, and governance）議題，在在顯示社會創新不僅具公益性質，而是同時具商機且更永續的發展方向。在此永續浪潮之下，不僅我國行政院推動與訂定社會創新行動方案，在其目的上亦明確指出係呼應聯合國所推動的 SDGs。此外，其他國家如歐盟、英國、美國、新加坡

與韓國等主要國家，都為了推動永續並解決國內的社會
經濟問題，相繼推出許多重要的政策與相關法規，透過
不同方式來協助社會創新發展（各國政策內容說明請見
後述），可能成為全球壟罩在高風險下的新解方之一。

　　值得注意的是，每年由聯合國永續發展解方網絡
（Sustainable Development Solutions Network, SDSN）
與劍橋大學共同研究所出版的 SDGs 報告，其最新
2022 年的永續發展報告顯示[2]，在 COVID-19 疫情與烏
俄戰爭的影響之下，自 2020 年以後全球 SDGs 發展指
數呈現停擺狀態（請參考圖 6-1），令外界擔憂，引發
國際上的高度關注。由於和平、外交與國際合作是世界
在 2030 年實現永續發展目標的基本條件。然烏俄戰爭
軍事衝突不僅是人道主義悲劇，也同時影響世界其他地
區的繁榮和社會成果，包括加劇貧困、糧食不安全和獲
得負擔得起的能源等重要 SDGs 目標。另外，若進一步
針對不同經濟狀況的國家檢視其 SDGs 指數變化，會發
現貧窮和脆弱國家的復甦速度緩慢，在許多低收入國家
（LIC）和中低收入國家（LMIC），SDG 1（消除貧窮）

2　SDSN, Sachs et al., From Crisis to Sustainable Development: the SDGs
　　as Roadmap to 2030 and Beyond, Sustainable Development Report
　　2022, Cambridge: Cambridge University Press, 2022, https://dashboards.
　　sdgindex.org/chapters.

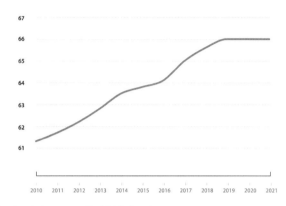

SDG Index Score over time, world average (2010–2021)

圖 6-1　歷年全球平均 SDG 指數變化（2010-2021）

資料來源：SDSN（2022），2022 年永續發展報告。

和 SDG 8（就業與經濟成長）的表現仍低於疫情流行前的水準。此外，氣候和生物多樣性目標的進展也太慢，尤其是在富裕國家。

　　每年 SDSN 都會對政府為實現永續發展目標所做的努力進行調查分析，以監測 SDGs 如何融入官方演講、國家計畫、預算和監測系統，SDSN 還編製指標來衡量國家政策目標與永續發展目標轉型的一致性。由 2022 年 SDSN 報告發現，各國（包含 G20 國家）所進行的永續承諾與表現差異甚大（請參考圖 6-2），在 G20 成員國中，美國、巴西和俄羅斯 SDGs 的支持最少，相比之下，北歐國家（如芬蘭、丹麥等）對 SDGs 的支持程度相對較高，另阿根廷、德國、日本和墨西哥（均為

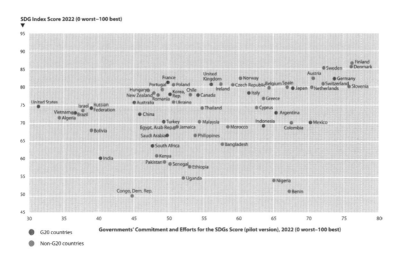

圖 6-2　各國政府在 SDGs 實踐的承諾和努力與 SDG 指數得分之關聯圖

資料來源：SDSN（2022），2022 年永續發展報告。

G20 國家）也高度支持。特別的是，貝南共和國和墨西哥近年來都發行永續發展目標主權債券，以擴大其永續發展投資。顯示實踐與承諾 SDGs 並非富國專屬，甚至應持續倡議富國應該對全球永續多貢獻一些心力。

　　雖然永續發展目標整體時間仍有待加強，但全球卻在 2020 年透過推動 ESG 進入資本市場與企業經營而大有斬獲。2017 年《經濟學人》（*The Economist*）就以「永續投資成為主流」強調以 ESG 概念的永續投資浪潮已迅速成長。根據彭博社（Bloomberg）的統

計，2022 年全球 ESG 資產估計超過 41 兆美元，兩年
的成長大約爲 57%，顯示成長速度更爲驚人。此外，
根據聯合國的責任投資原則（Principles for Responsible
Investment, PRI）最新統計，2021 年已簽署 PRI 資產管
理機構已達 3,826 家，其所管理的資產規模高達 121.3
兆美元，相較於初始年的 2006 年 6.5 兆美元已經成長
18 倍以上。值得注意的是，全球各地在逐步透過推動
ESG 落實永續發展已有所共識，由此因應而生的國家層
級、產業規範及金融投資規範、準則或政策的要求，亦
逐步漸多。依據 MSCI 持續追蹤各年全球 ESG 監管機
構的數量可知（請參考圖 6-3），2021 年已有高達 256
個相關機構採用 ESG 規範，其中有超過八成以上的新
規範是由政府所發布，顯示各國家推動訂定 ESG 相關

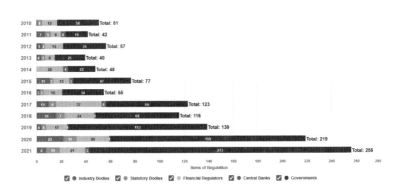

圖 6-3　全球 ESG 管制機構的數量

資料來源：MSCI (2013), Who will regulate ESG?

規範、引導資本市場投入永續之做法已成為新風潮。

（二）社會創新定義

　　由於社會創新的概念較為抽象，然目前普遍認為其定義為「藉由科技或商業模式的創新應用，改變社會各個群體間的相互關係，並從改變過程中找到解決社會問題的新途徑」。若進一步引述社會創新行動方案之定義，廣泛而言，社會創新意指運用科技創新等概念及方式以改變社會各群體之間的相互關係，並從中找出解決社會問題之新途徑，逐步達成聯合國 SDGs，如遠離貧窮、性別平權、責任生產消費、消弭不平等、優質教育等 17 項目標及我國永續發展相關願景。

　　然而目前國際對於社會創新的特性與定義仍有諸多解釋，如 James A. P. 等人（2008）於《史丹佛社會創新評論》（*Stanford Social Innovation Review*）中表示[3]，社會創新為一種解決社會問題的新方法，比起現有做法更具效率、公平及可持續性，為整體社會而非個人創造價值。另，歐盟執委會（2013）認為社會創新是滿足社會需求、創建社會關係，以及形成合作關係的嶄新理念，如透過產品、服務或營運模式以解決未滿足的需求。有

3　James A. Phills Jr., Kriss Deiglmeier, and Dale T. Miller, "Rediscovering Social Innovation," *Stanford Social Innovation Review*, 2008.

　　鑑於上述對於社會創新有不同的解讀，引導我國推動社會創新行動方案之重要推手——唐鳳政務委員，其普遍對外說明社會創新的特性，乃是強調「眾人之事，眾人扶之」，透過跨部門、跨組織的協作，深化社會與企業的關係，並轉化了非營利組織的思維，讓諸多不同社會使命、以各種型態存在的社會創新組織成為共生共好共創的生態體系。

　　我國經濟部為執行社會創新行動方案推動方針，並利各行政部門及社會大眾識別社會創新組織、促進社會創新組織穩健發展，特訂定社會創新組織登錄原則[4]，並於 2019 年 8 月 15 日公布。在此原則下，所稱社會創新，指運用科技、商業模式等不同創新概念及方式，以改變社會各群體之間的相互關係，並從中找出解決社會問題之新途徑。而此原則所稱社會創新組織，係以聯合國永續發展目標或我國關切社會議題為組織目標及其社會使命，且登錄於經濟部所建置之社會創新組織登錄資料庫網站之組織[5]。其中，社會創新組織包括下列營利（包含公司、獨資或合夥事業、有限合夥等）及非營利事業（包含部落公法人、財團法人、社團法人、合作

4　社會創新組織登錄原則，https://www.moeasmea.gov.tw/article-tw-2677-4515。

5　我國社會創新組織登錄資料庫網站，https://si.taiwan.gov.tw/Home/org_list。

社、儲蓄互助社、農漁會等）兩大類，社會創新組織須於官方網站揭露其章程中有關社會使命之內容，每年並應定期揭露更新相關事項。截至 2022 年 3 月底，我國已有超過 809 家社會創新組織登錄於資料庫中，其中593 家為營利事業、216 家為非營利事業，且呼應聯合國永續發展目標的主要前三項，分別為 SDG 12 永續消費與生產、SDG 8 就業與經濟成長，以及 SDG 4 優質教育。

　　此外，由於外界部分民眾仍對先前推動的「社會企業」較為熟悉，依據台經院於 2020 年《社會創新大調查》顯示，我國民眾對社會企業的認知程度在五年內從 18.9% 上升至 33.6%，並且高達 77% 民眾支持社會企業理念，而民眾聽過社會創新一詞的比例較低，為15.5%。然而，社會企業與社會創新之不同，參考社會創新組織光譜可知（請參考圖 6-4），社會企業的特性在於運用商業模式解決社會、環境問題，而社會創新則不限商業模式應用，也可藉由科技導入、資源串連、跨域社群合作等創新多元方式找到解決方案，以創造社會影響力。

組織型態	非營利組織 Traditional Nonprofit	具商業行為之 非營利組織 Nonprofit With Income- Generating Activities	社會企業 Social Enterprise	社會責任 企業 Socially Responsible Business	企業行使 社會責任 Corporation Practicing Social Responsibility	傳統 營利企業 Traditional For-Profit
資金來源	全部依賴捐款補助	大部分依賴捐款補助	具一定程度商業模式	具商業模式，公益捐贈可抵稅		具商業模式，獲利需課稅
成立目的	實現社會目的	實現社會目的	商品或服務具社會價值	實現經濟目的，並且捐贈一定比例予公益		實現經濟目的
組織型態	財團法人、社團法人、合作社			獨資、合夥、有限、股份有限、閉鎖型		
推動方向	發展自主營運模式 永續發揮社會效益			合理追求經濟效益 同步創造社會價值		

圖 6-4　社會創新組織光譜

資料來源：行政院（2018），重大政策、本院新聞，落實「創新、就業、分配」新經濟模式推動社會創新發展，https://www.ey.gov.tw/Page/9277F759E41CCD91/e87f5d23-98ea-4c81-8e11-4c04c9fda256。

二、英國社會創新發展與政策

　　國際推動永續已逐步成熟，歐美許多國家開始將永續及社會創新等相關概念引入，並且逐步訂定適切於該國的相關政策與法規，本書以我國較常參採與對照的國家進行說明，包含英國、歐盟、美國、新加坡與韓國等，以作為我國推動社會創新的環境背景與政策脈絡[6]。

6　台灣經濟研究院，社會創新趨勢及策略研析，國家發展委員會委託，2018年。

（一）英國發展脈絡

英國推動社會創新甚早，英國政府於 2001 年於產業與貿易部（Department of Trade and Industry, DTI）下成立「社會企業小組」開始推動社會企業，並將社會企業定義為「以履行社會目標為主的機構，其收益則繼續投入於相關業務，而非回饋股東」（DTI, 2002）。有鑑於英國政府較早成立專責單位推動相關政策，制定較全面的政策來支持社會企業與社會創新的發展，例如 2005 年「社區利益公司條例」（Community Interest Company Regulations）、2010 年「打造大社會」（Building the Big Society）政策、2012 年成立「大社會資本銀行」（Big Society Capital）、2014 年頒布「社會投資稅收減免條例」（Social Investment Tax Relief）等，較完整之政策內容說明將列於後。

依據英國社會企業聯盟（Social Enterprise UK, SEUK）網站首頁顯示[7]，英國有超過 10 萬家社會企業，並且創造 200 萬個就業機會，為經濟貢獻 600 億英鎊產值，有鑑於社會企業乃以社會或環境目的進行交易的企業，因而有助於減少經濟不平等、改善社會正義和環境永續。然近期卻因全球經貿情勢不佳，使得社會企業面對新挑戰。依據 SEUK 公布最新 2023 年社會企業晴

7　英國社會企業聯盟（SEUK），https://www.socialenterprise.org.uk/。

雨表（Social Enterprise Barometer – February 2023）調查發現[8]，因利率與物價高漲，能源成本日趨增加，造成英國經濟表現不佳，進而使得英國社會企業面臨預算緊縮、產能不彰以及對滿足需求的擔憂，使得有 14% 的單位預計會減少營業額、員工或關閉。近期雖社會企業的整體現金流和儲備狀況略有改善，但大量社會企業對預計現金流和收入感到擔憂，並且有三分之二的社會企業提及能源價格比前一季度有所上漲。即便如此，調查表示外界仍對社會企業產品和服務的需求強勁，然目前整體經濟環境使得成本提升而影響到收益，因此社會企業營運面臨不少挑戰，然而約有 76% 英國社會企業表示投資於社會與環境使命的利潤仍保持不變或有所增加，這表明社會企業商業模式在當前具有一定的重要性，仍可增加投資以及帶動經濟效益，有別於大環境的經濟頹勢。

（二）英國重要政策

　　如前所述，英國政府透過成立扶持社會企業的專門機構，並制定完善的政策來鼓勵和支持社會企業與社會創新的發展。

8　SEUK 公布 2023 社會企業晴雨表報告，https://www.socialenterprise.org.uk/seuk-report/social-enterprise-barometer---february-2023/。

1. 前期專案政策引導

2001 年英國政府於貿易產業部之下新增設社會企業小組，負責社會企業發展相關政策的制定，並加強對社會企業進行有效的監管等。該機構於 2002 年頒布第一項社會企業策略專案——「社會企業：邁向成功策略」（Social Enterprise: A Strategy for Success），概述透過社會企業滿足社區需求，創造有利環境，並提倡更有效率的商業手段等議題，目的為提升社會企業發展水準。

2. 公布組織條例確立法律定位

為了進一步提供社會企業發展創造更有利的環境，英國政府於 2004 年 10 月 29 日批准「公司（審計、調查和社區企業）法案」（Companies (Audit, Investigations and Community Enterprise) Act），並於 2005 年 7 月頒布「社區利益公司條例」（Community Interest Company Regulations），此條例正式明確定義「社區利益公司」（Community Interest Company, CIC）的組織營運特性及法律定位，在符合 CIC 規範下進行申請，通過後即可獲得 CICs 的認證，並持續接受政府監管與遵守 CIC 相關規範，如公司章程須符合社會公益或環境永續等公益目的、盈餘不得全分配給股東或成員，需再投入做公益使用、年度會計報告須有相關揭

露等，不僅確認該組織成立宗旨符合 CIC 之核心價值，同時也透過每年監管 CICs 發展狀態，用以訂定最適切的政府協助發展資源與政策。

根據英國政府最新發布的官方報告「社區利益公司監管機構年度報告——2021 至 2022」（Regulator of Community Interest Companies Annual Report 2021/22）統計，註冊為英國 CICs 企業已超過 2.6 萬家（截至 2022 年 3 月 31 日），一年間增加 5,339 家 CICs，相較於 2021 年 3 月成長 8%，另即便仍有 5% CICs 解散，英國仍淨增加 2,178 家 CICs。除此之外，自 2005 年起登記的 208 家，至今累積達 26,065 家，平均每年以超過 30% 指數成長，實為英國穩定發展的組織營運型態，更成為英國經濟與社會穩定的重要基礎。

3. 各項政府支援協助發展

有鑑於英國對於社會創新的相關組織積極管制與協助發展，不論是社會企業或是 CICs，都有相關對應的支持政策與計畫，其中有不少相關重要政策推動考量不同發展階段與需求規劃，參考台經院（2018）簡要說明如下：

(1) 社會育成中心基金（The Social Incubator Fund）：該基金於 2012 年由英國公民社會辦公室（Office for Civil Society）委託大樂透基金

（Big Fund）撥款執行所成立，總資金規模約1,000萬英鎊。此基金旨在鼓勵社會育成中心為早期新創事業提供補助，並將部分資金用來投資社會企業，有別於政府多以補助來協助其發展，透過加速投資的概念，搭配密集且較短期的協助與資源導入，有助於早期社會企業加速成長。此外，亦藉由「社會育成中心基金」提高育成支援的高度，幫助新創事業建立管道，吸引更多投資人投入早期社會企業領域。

(2) 投資與合約準備基金（Investment and Contract Readiness Fund, ICRF）：該基金是一個為期三年100萬英鎊的基金，於2012年由內閣辦公室開始推行，旨在打造一個強大的社會企業或社會創新的創投管道，使條件成熟到足以確保新型態的投資或競爭公共服務合約。ICRF提供5萬至15萬英鎊的補助，給積極且快速成長的潛力社會創投，以購買個別化支持服務以協助募集社會投資或投標公共服務合約。

(3) 大社會資本銀行（Big Society Capital, BSC）計畫：源於英國於2010年9月正式啓動大社會計畫，並於2012年正式啓動「大社會資本銀行」計畫，此為大社會計畫的具體方案之一。BSC主要運用社會金融工具來吸引大量社會投

資，將銀行體系內資金流動靜止達 15 年以上之靜止帳戶的資金，約 4 億英磅為基礎，再加上 HSBC、Barcklay、RBS、Lloyds 四大銀行的合資，總額達 8 億英鎊，作為推動「大社會」政策的主要財務支持力道，成為公私合作推動社會企業的重要措施。

(4) 社會成果基金（Society Outcomes Fund, SOF）：該基金於 2012 年 11 月成立，是一個 2,000 萬英鎊、提供社會效益債券（Social Impact Bonds, SIB）補足資金（top-up）的中央基金，由內閣辦公室管理，旨在解決阻礙社會效益債券發展的各種問題。

(5) 社會投資稅收減免條例（Society Investment Tax Relief）：源於 1994 年起英國政府為鼓勵民間投資而設計許多不同的投資誘因機制，並提供租稅抵減，如 1994 年開始施行的「企業投資計畫」（Enterprise Investment Scheme, EIS），以及自 1995 年開始實施的「創業投資信託」（Venture Capital Trust, VCT）。英國於 2014 年頒布社會投資稅收減免條例，以鼓勵社會企業的私人投資，符合資格的社會公益組織的投資，該筆投資金額的 30% 得以抵減當年度所得稅。

三、歐盟社會創新發展與政策

（一）歐盟發展脈絡

　　歐盟作為一個跨國經濟合作的國際組織，更進一步在政策方針、社會體制等面向逐步朝向整合與共好的形式發展，其概念與社會創新高度吻合，因此也孕育許多早期的典範社會企業與相關社會創新政策。然重要的關鍵，在於歐盟執行委員會於 2011 年 10 月所發布之「社會企業倡議」（Social Business Initiative, SBI），指出社會企業主要目的是發揮社會影響力，而不是為股東或企業所有者謀求利潤，奠定後續社會企業與社會創新的發展基礎。SBI 表明社會企業可以包含多元企業類型，並且有以下幾種特性：1. 通常以高度的社會創新型態，及共善（common good）的社會目標進行交易；2. 組織所獲之利潤主要用於為了實現社會目標的再投資；3. 組織或所有權制反映企業使命，採取民主、參與原則，或注重社會公平的組織。

　　根據 SBI 政策性宣示，歐盟執委會於 2014 年 12 月發布「歐洲社會企業地圖及其經濟體系」（A map of social enterprises and their eco-systems in Europe）研究報告，延續 EMES 所提出的三大面向。分別為：1. 企業面（entrepreneurial dimension）：追求社會目標，並採某種型態自給，而從事持續性經濟活動，但不一定經常

從事交易活動。此面向區分了社會企業與傳統的非營利組織／社會經濟組織；2. 社會面（social dimension）：具有明確、優先的社會目標，以與一般營利企業區分；3. 治理面（governance dimension）：存在鎖定社會目標的機制，治理面區隔了社會企業、一般企業和傳統的非營利組織／社會經濟組織。

　　值得注意的是，社會創新的意涵也在政策推動的過程中逐漸演進。即使社會創新仍普遍與「社會創業」連結，近來歐盟執委會也逐漸發展出其他社會創新的概念，如就業、社會事務與包容總署（Directorate-General for Employment, Social Affairs and Inclusion）所推動的「社會政策創新」（social policy innovation），它是一種小規模、符合歐盟政策方針的政策革新測試，最終目標是運用歐盟各種政策性基金擴大成功的實驗。

（二）歐盟重要政策

　　綜觀歐盟推動的諸多政策，至關重要的政策實屬「歐洲 2020 策略」（Europe 2020 Strategy）與「轉型社會創新理論」計畫（TRANsformative Social Innovation Theory, TRANSIT），兩者奠定歐盟社會創新發展的重要基礎，以下簡要說明。

1. 歐洲 2020 策略

　　歐盟於 2010 年 3 月 3 日提出「歐洲 2020 策略」，

其背後推手爲歐洲政策顧問局（Bureau of European Policy Advisors, BEPA）。該策略明確將社會創新視爲追求智慧、永續與包容性成長的重要途徑，成爲後續歐洲各國參考的主要依據。歐盟執委會在涉及社會創新的行動，主要來自於七大旗艦倡議之一的「創新聯盟」（Innovation Union）與「社會投資方案」（Social Investment Package）。

　　首先，歐盟的「創新聯盟」倡議爲發揮社會創新的影響力，盤點目前的缺口，包含中介機構、有效的誘因機制、更好的評估方法，以及能加速與促進互相學習的網絡等。此倡議是透過歐盟的科研補助計畫——「展望2020」（Horizon 2020）提供資金支持，其計畫則是將所有形式的創新相連結，其中也包含社會創新，例如推動「永續性與社會創新集體意識平台」計畫，透過線上平台的設計和試行，提高對永續發展問題的認識並制定集體解決方案。另外，隨著公共服務使用者的需求與期望不斷演進，公部門也需要創新，例如以公民爲中心的服務提供、推動政府 e 化、以互聯網爲基礎的服務等。針對缺口，創新聯盟倡議在其各項策略目標的 34 項承諾中，提出與社會創新和公部門創新相關的兩項承諾——承諾 26 與承諾 27，分別爲歐盟執委會發起一個歐洲社會創新領航計畫，以及支持大量關於公部門和社會創新的研究計畫。在此兩項承諾下，歐盟已有相關的

行動與實踐案例，包括歐洲社會創新平台於 2011 年成立、社會創新在歐洲社會基金中已扮演更重要的角色、舉辦社會創新競賽、建立社會創新育成網絡、社會與公部門創新列入「展望 2020」科研架構的主題中、歐洲公部門創新記分版已試行、舉辦歐洲公領域創新獎、公領域創新專家團體與舉辦歐洲創新之都 iCapital 選拔等。

　　接著，在「社會投資方案」的脈絡中，其概念是指將資源投資協助社會發展的面向，如投資人民強化其技能與能力，並且支持人民充分就業及參與在社會生活中，包含教育、優質幼保、醫療衛生、訓練、就業輔導與重回職場等面向。而為了指引歐盟各會員國透過更有力與效率的社會政策來回應社會挑戰，歐盟執委會考量各會員國在社會、經濟與預算上的差異，提出社會投資方案，分別為：(1) 指導歐盟國家更有力和效率地利用其社會預算，確保充分和可持續的社會保障；(2) 力求強化人們現在和未來的能力，提高參與社會和勞動力市場的機會；(3) 專注於那些具整合性效益的套案，以及能夠在人們生活各層面提供幫助並達成持續正面社會成果的服務；(4) 強調預防勝於治療，減少對福利的需要。如此當人們確實需要支持的時候，社會就能負擔所需的援助；(5) 呼籲投資於兒童和青少年，增加他們的機會。

　　從創新聯盟倡議與社會投資方案中，可觀察到歐盟對於社會創新分別在「創新」與「社會」兩個層面的藍

圖，並在這些策略指引之下，推出許多關於社會創新行動，以解決社會和環境問題的重大挑戰。

2. 歐盟「轉型社會創新理論」計畫

　　歐盟執委會於 2014 年至 2017 年推動「轉型社會創新理論」計畫，大規模地針對歐洲各項社會創新政策進行通盤研究，其研究範圍涵蓋 25 個國家、20 個跨國網絡和 110 個以上相關的社會創新措施。其中 20 個跨國網絡研究至少四個創新相關措施，並建立大約 80 個有關社會創新舉措關鍵轉折點的資料庫，對歐盟後續社會創新相關措施建立深厚的發展基礎與參考資訊。

　　以跨國網絡的社會影響力製造所（Impact Hub）為例，其為社會創業家和共同工作空間的網絡，2005 年至 2017 年在全球各地成立超過 95 個中心，包含台灣亦有據點，針對聯合國 SDGs 與影響力進行相關的倡議與推動措施，有助於各地社會創新的發展與國際網絡的連結。另，透過個案分析和資料庫的累積，TRANSIT 計畫在 2017 年結案報告，提出「轉型社會創新宣言」（Transformative Social Innovation Manifesto），以及 13 項社會創新原則，作為各地推動社會創新行動的參考依據，並促進彼此間的合作與經驗擴散。各項原則包含：(1) 物質和心理上的學習與實驗空間是需要的；(2) 發展替代和多樣化的經濟（alternative and diverse economies）：(3) 創新不僅形塑新事物，也重新定義舊事物；(4) 嘗試替代性或新的社會關係和價值觀；(5) 兼具社會與技術創新；(6) 社會創新需公民社會與國家和市場共同組成；(7) 社會創新絕不能成為廢除必要公共服務的理由；(8) 透過跨在地（translocal）賦權來回應全球化的挑戰；(9) 社會創新是培養歸屬感、自主性與自身能力；(10) 透明和兼容廣泛的決策是變革的必要條件；(11) 替代性和多樣化的敘述（alternative and diverse narratives）是推動轉型從理論到實際的關鍵推動力；(12) 需要更多的相互認同與戰略合作；(13) 擁抱悖論（paradoxes）是社會轉型創新的關鍵。

四、美國社會創新發展與政策

（一）美國發展脈絡

　　美國屬資本市場、自由經濟風氣較為興盛的國家，強調政府少干預、市場機制引導發展，因此多數社會創新乃由下而上發展，政府的角色在於訂定市場規範、建立誘因機制（如減稅）、典範模式擴散、生態系與網絡強化等，其社會創新發展模式與英國及歐盟大相逕庭。基此，美國有許多企業透過推動企業社會責任（Corporate Social Responsibility, CSR）或透過非營利

組織來推動社會創新，早年美國的非營利組織進行商業活動以支持特定的任務，如宗教和社區組織透過販售自製產品以補充募款的不足，在此基礎之下，成為社會企業在最初發展時的概念，其定義非營利組織為弱勢群體創造就業機會而進行的商業活動（Alter, 2002）。隨後因美國經濟發展疲弱，進一步促進非營利組織積極拓展商業模式，以彌補政府因財源不足而減少的補助金額，而使得非營利組織的支持網絡逐步擴散與強化，尤其是針對企業端或投資端的相關資源引入，使得美國社會企業從 1980 年代以後開始蓬勃發展。綜合上述，早期美國的社會企業一詞被較為廣泛定義，即為一種為達成某種社會目標而採取的任何商業活動，包含狹義的社會企業，以及非營利組織的商業活動、企業強調社會使命的創新作為。

　　近年來隨著永續發展與 ESG 概念興起且逐漸成熟，美國對於社會企業的認知亦日趨明確，甚至是發展出一套完整的評估與認證機制──B 型企業。2006 年由美國非營利組織──B 型實驗室（B Lab）所推動的機制，其致力於使「人們的商業活動發揮對社會及環境的正面影響力」（people using business as a force for good），並透過推動 B 型企業認證機制及維護管理商業影響力評估（B Impact Assessment, BIA）之標準工具，以及倡議與公司治理相關的法律框架，如共益公司（Benefit

Corporation）的立法，透過結合商業利益與社會利益，並將具影響力之企業打造成永續事業。其願景是使企業的目標不只是在於「成為世界最好的企業」，而是「對世界最好的企業」，也因此人類的商業活動達到一個對所有利益相關者共益、包容且永續的經濟體。

　　BIA 主要是針對企業的公司治理、環境友善、員工照顧、社區發展（供應鏈）和客戶影響力等五個面向進行評估，與當前蔚為風潮的 ESG 概念相符，並且同時考慮企業的市場、產業類別及員工人數規模等差異性，所進行客製化的量化評估。被評估企業需在總分 200 分獲得 80 分以上，才可獲得 B 型企業認證，此外，所有已獲得認證的企業每三年必須重新認證，而相關標準也是每三年更新，且已獲認證的公司，會隨機挑選 10% 的公司進行現場訪查。由於 BIA 具有透明化、完整性、可量化、可評比、視覺化，更重要的是可以依此發展企業 ESG 路徑圖。基此，透過成為 B 型企業，不僅可以加入以美國為首的 B 型企業全球社群，亦包含引領全球永續趨勢、連結有理念的商業夥伴、吸引優秀人才、優化商業影響力、強化品牌聲量、守護企業使命等優勢。截至 2023 年 2 月底，全球 B 型企業已達 6,152 家，其中美國高達 2,372 家，台灣則有 78 家 [9]。

9　查詢自 B 型企業網站，https://www.bcorporation.net/en-us/find-a-b-corp。

（二）美國重要政策

　　如前所述，由於美國重視市場機制引導的體制，早年對於社會創新在政策上甚少，較多的是在非營利組織推動商業活動（視為社會企業）或企業捐款給非營利組織時，提供稅賦優惠或減免。例如美國的國內稅法（Internal Revenue Code, IRC）規定，從事稅法第501(c) 條規範之社會經濟組織範圍，慈善組織和社會組織得以稅賦減免方式作為促進社會經濟的動力，但是在其他任何非業務相關的收入，仍必須繳交稅金。

　　對於美國發展社會創新最為關鍵的政策，屬美國總統歐巴馬 2008 年上任時，成立直屬白宮的「社會創新和公民參與辦公室」（Office of Social Innovation and Civic Participation），以促進政府和民間企業、社會企業家和公眾之間的夥伴關係，運用聚焦成果、由下而上、擴大參與和責任共擔等方式，確保有效處理社會相關問題，所涉及的行動將遍及政府行政部門和聯邦機關。隨後，美國各州陸續修改相關法令，規範社會企業的組織形式更多元化，如具社會目的之非營利組織、免稅組織（慈善與社福）、營利事業、有限責任公司等，在符合法律規範之下，皆可被視為社會企業，與我國目前所推動的社會創新組織的多元組織型態相當接近。例如美國部分州自行立法，推動「共益公司」（Benefit

Corporation）或「低獲利有限責任公司」（Low-profit Limited Liability Corporation, L3C）之社會創新組織型態，賦予社會企業經營者在決策時擁有更多彈性，得以商業模式推動社會公益，進而共同解決社會問題。

　　Wolk（2007）與美國小企業管理局（U.S. Small Business Administration）合作發表 [10]，歸納美國其他聯邦單位或州政府支持社會創新的政策工具，主要分成五大類別，分別為：1. 鼓勵社會創新（encouraging social innovation）：由美國政府設立「種子基金」（seed funds），提供社會創新組織在初創階段的資金支持；2. 為社會企業倡議創造有利環境（creating an enabling environment for social entrepreneurial initiatives）：政府運用移除法規障礙、提供信用保證、建立支持夥伴關係等多元化政策，打造適合社會創新組織發展的環境；3. 獎勵創新表現（rewarding initiatives for their performance）：政府建立制度化的獎勵機制，例如藉由政府資助或政府採購其商品或服務等方式，以獎勵具有社會創新表現的社會企業；4. 擴大成功模式（scaling initiatives' success）：政府透過補助巡迴講座、宣傳、協助擴大服務網絡機會等方式，幫助加速社會創業家追

---

10 M.A. Wolk, Social Entrepreneurship and Government: A New Breed of Entrepreneurs Developing Solutions to Social Problems, 2007.

求卓越表現的過程，將其解決社會問題之社會創新模式加以推廣，或協助將其社會創新模式複製至其他地方，以激勵社會企業家進行社會創新；5. 提供增強社會企業家成果的創新知識（producing knowledge that enhances social entrepreneurs' efforts）：政府提供系統性的社會創新知識管理，例如提供研究基礎資料、建立社會創新成功的具體指標、協助社會創新模式成效評估、幫助社會企業家了解社會問題等。

五、新加坡社會創新發展與政策

（一）新加坡發展脈絡

　　早年新加坡將社會企業視為為弱勢團體成員提供就業機會、縮小收入差距的一種創新做法（Social Enterprise Committee, 2007）。政府認可社會企業在幫助新加坡弱勢團體取得自立能力的角色，由新加坡社會及家庭發展部（Ministry of Social and Family Development, MSF）作為主要的政府機關，透過一系列的倡議與計畫，帶動新加坡社會企業的發展。例如，2003 年 MSF 推出「社會企業基金」（Social Enterprise Fund；於 2005 年後改為 ComCare Enterprise Fund, CEF），為社會企業成立初期提供資金，並隨之成立對

社會企業發展提供建議的委員會，進而促成 2009 年「社會企業協會」（Social Enterprise Association, SEA）成立，透過提高公眾關注、推動重要利害關係人間的夥伴關係，來促進更多人以社會企業來創業。基此，「亞洲社會創業與慈善事業中心」（Asia Centre for Social Entrepreneurship and Philanthropy）也隨之成立，其隸屬於新加坡國立大學，並以社會企業創業者發展為主的研究機構。

為促進更多市場資源投入社會創新與影響力投資，新加坡於 2009 年成立「影響投資證券交易所」（Impact Investment Exchange, IIX），為亞洲首個促進社會企業與社會創新發展的影響力投資平台，進一步讓社會企業更具透明且遵守相關規範，同時引導更多市場資源與關注民眾成為投資人，促進新加坡的社會創新生態快速發展。另新加坡財政部（Ministry of Finance, MOF）管轄的「新加坡賽馬博彩管理局」（Singapore Totalisator Board, Tote Board）於 2011 年成立社會企業中心（Social Enterprise Hub, SE Hub），又再度拓展新加坡社會企業的財務支持來源。

隨著社會創新逐步受到關注，相關的活動競賽與培力課程也隨之而生，如 2012 年由總統府支持的「總統挑戰社會企業獎」（President's Challenge Social Enterprise Award, PCSEA）、「亞洲社會企業

挑戰賽」（DBS-NUS Social Venture Challenge Asia）
等，均鼓勵並認可對社會與環境具有貢獻的社會企
業。在學研機構方面，如新加坡國立大學（National
University of Singapore, NUS）、共和理工學院
（Republic Polytechnic）以及義安理工學院（Ngee Ann
Polytechnic）等校也開始提供社會創新與社會企業之相
關課程，幫助有興趣的學生得以在畢業後於相關領域就
業。

　　新加坡政府考量公部門與私部門的社會創新發展
相關單位與推動措施逐年增多，但仍缺乏一個橫向
協調與整合決策單位，基此，結合 MSF、SEA 以及
「新加坡國家社會服務委員會」（National Council
of Social Service, NCSS）等政府單位與機構的努力之
下，「新加坡社會企業中心」（Singapore Centre for
Social Enterprise, raiSE）於 2015 年因應而生，作爲培
育、提高意識並支持新加坡的社會創新與社會企業發
展的領航者。raiSE 對於推動社會企業發展扮演重要角
色，包含以下七項：能力建設者（capacity builder）、
資金提供者（fund provider）、網絡供應者（network
provider）、政策制定者（policy maker）、研究機
構（research institution）、競賽主辦方（competition
organiser）與專業和支持服務提供商（professional &
support services provider）。此外，raiSE 在區分一般

企業與社會企業上扮演關鍵角色，透過向其會員授予「Business For Good」標識，也加強了利害關係人與公眾對於社會企業能夠更容易辨識。

根據 raiSE 公布在網路上的 2021 年至 2022 年的年度報告[11]，新加坡目前共有 365 家社會企業會員，整體而言，共協助 200 萬名弱勢群體、支持 1,500 個社會服務機構，創造 6,900 萬美元的社會影響力價值。新加坡更進一步評估與展現其影響力，包含 15% 的社會企業為超過 32,000 名弱勢群體提供技能發展機會，賦予他們新技能以促進個人發展或提高就業能力；29% 的社會企業為 1,200 多名弱勢群體提供就業機會，使他們能夠過上有尊嚴的生活，並改善自己和家人的整體生活品質；另社會企業在改善心理健康和保健的新興領域有快速成長趨勢，目前已支持超過 23,000 名弱勢群體。

（二）新加坡重要政策

raiSE 已整合多項促進社會企業與社會創新發展的相關政策，提供諮詢服務、計畫、培訓和資源等多方面的協助來培育社會企業與社會創新組織發展。值得注意的是，raiSE 依據社會企業的能力區分提供的資源與資訊的重點（請參考圖 6-5），通過量身定製的發展計

---

11 raiSE，2021/2022 年度報告，2022 年，https://microsite.raise.sg/ar2021/。

畫，協助處於不同階段的社會企業相關支持，以改善其
商業模式並且展現社會影響力，並且協助其實現永續發
展。

　　以下針對 raiSE 所區分的四個發展階段：種子階
段、早期階段、成長階段與成熟階段，簡要說明其所提
供的相關協助。

1. 種子階段

　　種子階段的社會企業仍處於營運構想和營收前期
（pre-revenue）階段，對其產品和服務的需求尚未得到
驗證。在此階段適合社會企業的課程範圍較爲廣泛，並
著重於打下穩固的發展基礎。在此階段將學習如何透過
設計思維過程、社會企業發展模式，以及透過 raiSE 推
動的社會價值工具包來設計、衡量和追縱社會影響力，
同時學習平衡財務永續與社會使命。

2. 早期階段

　　在此階段的社會企業已具有發展原型或現有產品／
服務，對產品／服務的需求應已得到初步驗證與了解，
且企業已經開始銷售並接觸客戶，此時社會企業亦開
始增加企業營收。raiSE 設計針對早期階段適合社會
企業發展的資源導入，是較具有專屬性與主題性的相
關發展計畫，包含社會企業發展基礎工作坊、向前邁
進（Leap For Good）、產業圈（Industry Circles）、

raiSE 孵化計畫（Incubation Programme）、raiSE 大師班（Masterclasses）、工具包和在線資源等。

3. 成長階段

處於此階段的社會企業成立至少兩年，並且對其核心產品的需求不斷成長，該企業主要的業務是透過實施適當的結構並利用新機會和成長領域來實現。在此階段的相關資源則偏重於提供更有經驗的專業人士的戰略指導，來支持社會企業能順利成長到下一階段，相關做法包含產業圈、raiSE 大師班、raiSE Grow B.I.G 計畫、社會企業獎學金計畫等。

4. 成熟階段

處於此階段的社會企業成立至少五年，並且對其產品的需求穩定，收入有所成長或維持穩定收益，而該企業可能正在尋求進入新市場、擴展其產品／服務範圍或擴展其運營和業務。raiSE 針對此階段提供戰略指導和領導力發展的重點計畫與資源，旨在促進社會服務生態系統的系統轉型，包含產業圈、raiSE 大師班、raiSE Grow B.I.G 計畫、社會企業獎學金計畫、社會企業生態系統領導變革和轉型計畫等。

圖 6-5　新加坡社會企業中心（raiSE）在各階段所提供的資源與計畫

資料來源：raiSE（2022），2021/2022 年度報告，https://microsite.raise.sg/ar2021/。

六、韓國社會創新發展與政策

（一）韓國發展脈絡

　　在歐盟逐步開始推動社會企業與合作經濟的背景之下，韓國在面對亞洲金融風暴所造成的失業或非典型就業的問題，開始參採歐盟做法，但卻主要透過由上而下的模式──立法，於 2006 年通過「社會企業促進法」（Social Enterprise Promotion Act）來提供弱勢就業服務的企業更多的相關支援與獎補助措施。此外，韓國搭配強制認證的方式來提供相關的資源，根據「社會企業促進法」第 20 條，在就業與勞工部（Ministry of Employment and Labor, MOEL）下設專責單位，

於 2010 年 12 月成立「韓國社會企業振興院」（Korea Social Enterprise Promotion Agency, KoSEA），負責規劃社會企業相關政策，以及統籌規劃社會企業教育倡議、創業支援、資源連結、認證諮詢和發展評估分析等，以幫助社會經濟企業穩定發展，創造良性社會經濟生態系統。

　　韓國近年來雖歷經不同階段與法律相關規定的微幅調整，目前將社會經濟企業（social economy enterprises）區分為四類，其中一類即為社會企業，另外亦包含合作社、社區公司、自給自足公司等多元組織型態，與我國社會創新組織包含多元組織的情況接近，以下分別針對四類企業的特色與依據的法律基礎分別說明（請參考表 6-1）。

表 6-1　韓國各類社會經濟企業之特性與法律基礎

	社會企業 （social enterprise）	合作社 （cooperative）	社區公司 （community company）	自給自足公司 （self-sufficiency company）
特性說明	根據「社會企業振興法」第 7 條的規定，透過向社會弱勢群體提供社會服務或就業機會，或在開展活動的同時	由成員共享需求，自願成立、集體所有、民主經營的企業實體。社會合作社是為開展與改善社區居民權益	由社區居民建立和營運且以鄉村為基礎（village-based）的企業，透過利用當地各種資源的營利項目解	由一名或多名福利領取者或低收入居民以生產者合作社或聯合企業的形式經營的公司，使用透過當地自給自足

表 6-1　韓國各類社會經濟企業之特性與法律基礎（續）

	社會企業（social enterprise）	合作社（cooperative）	社區公司（community company）	自給自足公司（self-sufficiency company）
	為社區做出貢獻，以提高社區居民生活品質為目標的社會實體業務活動，例如商品和服務的製造或銷售。	和福利有關的經營活動，或者為社會弱勢群體提供社會服務或就業而成立的非營利性合作社。	決共同的區域問題，並透過增加收入和創造就業機會有效實現當地社區的利益。	中心的自給自足工作計畫獲得的技能。
法律基礎	社會企業促進法（2007）	合作社框架法（2012）	城市再生推進支援特別法（2011 年）	國民基本生活保障法（2012）
監管機構	就業與勞工部	經濟財政部	內政和安全部	保健福祉部

資料來源：本文整理自韓國社會企業振興院（KoSEA）官網，https://www.socialenterprise.or.kr/_engsocial/?m_cd=0102，最後瀏覽日期：2023 年 2 月 25 日。

　　此外，根據韓國社會企業振興院於 2023 年 2 月在其網站上所公布的最新數據顯示（請參考表 6-2），韓國近年的社會企業或社會經濟企業皆呈現穩定成長，其中社會企業自 2016 年的 1,713 家成長至 2019 年的 2,435 家，平均每年維持超過 10% 的成長速度。此外，合作社、社區公司、自給自足公司等型態，亦呈現穩定成長，顯示韓國在推動社會經濟的過程中，對於相關組織型態的發展具有較高的強制性。

表 6-2　韓國社會經濟企業各年數量

企業類型／年份	2016 年	2017 年	2018 年	2019 年
社會企業	1,713	1,877	2,122	2,435
合作社	10,331	12,356	14,550	16,846
社區／鄉村公司	1,377	1,442	1,514	1,592
自給自足公司	1,186	1,092	1,211	1,176
總和	14,607	16,767 （14.8% ↑）	19,397 （15.7% ↑）	22,049 （13.7% ↑）

資料來源：本文整理自韓國社會企業振興院（KoSEA）官網，https://www.socialenterprise.or.kr/_engsocial/?m_cd=0102，最後瀏覽日期：2023 年 2 月 25 日。

（二）韓國重要政策

韓國政府對於社會企業與社會創新發展的主導性較強，不僅提供相關資金、資源與發展策略，其中最為關鍵的是 2006 年所頒布的「社會企業促進法」，支持政府主導的社會創新發展，如成立社會企業支援委員會、勞工部支援計畫、定期進行調研、社會企業認證、社會企業與有關企業的租稅優惠、財務協助、資源配套等措施。如前述，2010 年依據專法成立專屬推動單位——KoSEA，隸屬於勞工部，其任務為「提供高品質的社會企業支援服務，協助推展社會服務，並創造弱勢族群的工作機會」，目前 KoSEA 所推動的三大工作主軸，分別為「社會經濟企業創業扶持」、「支持社會經濟企業成長階段」與「支持創建社會經濟生態系統」，以下簡

要說明其所提供的相關協助[12]。

1. 社會經濟企業創業扶持

韓國在社會企業創業初期，提供「激發創業活力」、「支持早期社會經濟企業成長」、「人才培養」與「支持認證授權」等四大推動工作以利其發展，以下簡要說明。

(1) 針對「激發創業活力」，乃透過社會創業大賽、社會創業促進計畫、支持合作社的啓動等相關計畫與活動來進一步促進各類型社會經濟企業發展。例如自 2009 年開始舉辦的「社會冒險競賽」，爲使青少年和一般民眾對社會投資及社會企業有所認知，增加大家對社會企業的投入，並且每年透過不同關心的主題來設定，如 2009 年的「學習之神」、2010 年的「Cizion」、2018 年的「生活之椅」、2019 年的「今日行爲」，2020 年共有 980 個團隊參加社會冒險競賽，其中 35 個團隊獲獎。另外，推動社會創業促進計畫，主要是挖掘具有創意且解決社會問

---

12 相關資料與數據整理自韓國社會企業振興院 2020 年之年度報告（Korea Social Enterprise Promotion Agency, 2020 Annual Report），https://www.socialenterprise.or.kr/atchFileDownload.do?menuId=EN02&seqNo=247293&fileSeqNo=250017。

題的創業團隊，並且提供支援協助社會企業創業過程，包括創業基金（高達百萬韓元，平均約 3,000 萬韓元，約新台幣 88 萬元）、業師諮詢、工作空間等創業協助，KoSEA 在過去 10 年已支持 5,169 個創業團隊，就 2020 年而言，共有 910 個隊伍參與計畫，其中 97.5% 的團隊成功創業，51.3% 的團隊成爲社會企業。

(2) 在「支持早期社會經濟企業成長」方面，主要透過成立社會企業成長支援中心：社會校園（Social Campus On）使處於早期階段的社會企業能夠組織多元化的社會經濟生態系統，透過提供工作空間、培訓、指導、網絡連結等做法，爲處於早期階段的社會企業提供穩定發展的基地。KoSEA 目前在全國 13 個地方成立社會企業成長支持中心，已有 643 家社會企業／團隊在基地承租，其中有 144 家初階社會企業。

(3) 在「人才培養」方面，分別推動社會創業學院與對合作社的培訓支持，其中社會創業學院是針對不同對象與目標設計相關的課程或學程，如提供青少年作爲未來社會主體的角度來了解社會經濟的基礎與進階課程，發展體驗式教育，並提供相關知識與支援協助有志於社會創新領域進行創業的青年。此外，KoSEA 還推動

　　一個社會經濟領先大學的計畫，共有 317 人參
與此計畫，爲加強在社會經濟企業工作者的能
力，並且針對領導者提供客製化的學院培育。
2020 年，共有 317 人完成介紹性社會創業計
畫、有 962 人完成客製化學院學程，並已有四
所社會經濟重點大學。

(4) 在「支持認證授權」方面，KoSEA 協助社會企
業進行諮詢、收件、審查認證申請，並搭配實
地考察等流程，透過舉辦工作坊、管理能力強
化、網絡建構等工作，協助新獲得認證的社會
企業逐步發展。後續亦針對社會企業定期追蹤
成效、修改公司章程等的報告，來持續確認其
認證的效力。截至 2020 年已累積有 3,294 家企
業申請社會企業，並且在 2019 年，韓國社會企
業總銷售額累積已達 48,170 億韓元，並提供了
49,063 個工作機會。此外，目前亦有累積 2,586
家透過社會合作社和聯合會授權的支持，協助
完成上述推動工作。

2. 支持社會經濟企業成長階段

　　在支持成長階段，KoSEA 透過「進入公共和私人
市場的營銷支持」、「管理諮詢支持」、「支持資源分
配」與「構建合作網絡」等四大推動工作以利其發展，

以下簡要說明。

(1)針對「進入公共和私人市場的營銷支持」方面，備受關注的是經營 36.5 網路商店（e-store 36.5）及聯營店（Store 36.5），以支持社會經濟企業進行全國性的銷售，目前共有 88 家聯營店，累積銷售商品已達 450 個，銷售金額達 343.23 億韓元，另外，協助社會企業上架的電商平台 e-store 36.5，目前電商累積銷售商品已達 1,503 個，銷售金額達 31.03 億韓元，成果斐然。此外，KoSEA 亦推動促進公開採購的做法，協助社會創新組織有較為穩定的銷售網絡，並且鼓勵事業單位優先採購相關產品、教育或活動在一定比例以上。2020 年韓國透過公共採購社會企業與社會合作社兩類的商品金額，已分別達 16,225 億韓元與 2,656 億韓元。

(2)針對「管理諮詢支持」方面，區分為基礎與管理諮詢兩種類別，為社會企業提供在地的、基礎的、現場的管理支持服務，利用本地專家解決常見的管理問題，增強其管理能力，另提供一般性與主題性的諮詢服務，並提供相關機構供社會企業自行選擇諮詢，解決管理、技術等懸而未決的問題。累積至 2020 年，共有 3,097 家企業接受基礎諮詢、1,191 家企業接受管理

諮詢。

(3) 針對「支持資源分配」方面，主要為媒合社會
　　經濟企業對接公私企業的多元化資源，支持社
　　會經濟企業商業化與增強其服務能量。2020 年
　　已有 43 家企業進行合作，合作項目達 80 項，
　　並募集 240.4 億韓元協助發展。

(4)「構建合作網絡」方面，係指建立對於區域、產
　　業和特殊領域的合作網絡，以增強社會經濟企
　　業的市場競爭力，培育有利的生態系統，一般
　　是地方政府和市民團體共同營運一個公私協力
　　機構據點，透過當地社區的資源來支持社會企
　　業，並透過專業領域的支持，更容易導入 IT 相
　　關特殊技術。2020 年，已有 16 個全國性的網絡
　　據點、12 個產業網絡據點、12 個專業領域網絡
　　據點。

3. 支持創建社會經濟生態系統

　　有鑑於韓國已推動社會企業／社會經濟達超過十多
年，持續強化社會經濟生態系的活絡，讓各界可以共同
推動，此一政策推動主軸主要在於「認知提升」與「政
策研發支持」，以下簡要說明。

(1) 在「認知提升」方面，KoSEA 透過設立每年
　　7 月 1 日為「社會企業日」，在當天舉辦適合

社會企業、民間組織及一般民眾參與的各層級
社會企業研討會或活動，希望創造出對社會企
業友善的環境。目前韓國對於社會企業的認知
（awareness）與同意（sympathy）程度分別爲
39.1% 與 35%，參與 Buy Social Campaign 活動
和競賽次數 47,124 次。另爲了傳播培育對於社
會企業共識，支持企業透過自願揭露強化其透
明度與管理績效，並透過諮詢與編製相關教材
以利其揭露，對願意參與的社會企業在給予支
持項目加分或優先考慮的獎勵。基此，2020 年
參與自願公開披露的企業數量已累積達 3,474
家。此外，透過每年舉辦社會經濟領袖論壇，
打造全球社會經濟領袖論壇定期至韓國進行熱
絡交流的重要活動，以討論整體社會經濟發
展、海外最佳實踐和政策、國內社會企業家的
學習機會等議題，協助整體對於社會創新的認
知提升。

(2) 在「政策研發支持」方面，爲了培育社會經濟
持續發展與扎根基礎，同時支持政府部門制定
的社會經濟政策，KoSEA 透過政策論壇、政
府官員研討會以及向社會經濟企業分發政策指
南等方式，在政策與領域之間發揮橋梁作用，
使相關專業意見反映在政策中，同時以政策的

調查研究和相關的學術網絡，支持政策效益提升。另外，KoSEA 發掘並培育符合政策目標的社會經濟模式，透過前述的整體相關推動工作，協助構思使社會創新發展商業化的戰略，透過研究各項推動政策的相關數據、收集專家意見、交流溝通，將相關政策連結成熟發展商業模式，目前已達五種社會經濟發展模型。最後，支持實現社會價值，除了支持相關立法和與推動社會價值相關政策，透過國內外政策資訊收集和系統化分系，為在公共和私部門實現社會價值奠定了基礎，並且對於展現社會價值的典範案例舉辦活動已廣宣其實踐做法。同時，KoSEA 透過了解公共機構的需求並建立合作體系，亦支持公共部門實現社會價值。

七、我國社會創新發展與政策

（一）發展背景與推動歷程

　　就我國社會創新發展政策脈絡，不僅是因永續概念驅動社會創新發展，國際上從聯合國的 SDGs 倡議，到各國開始積極推動政策加以落實，我國則對應社會企業與社會創新的相關政策，提高至行政院層級的跨部會重

要計畫，顯示社會創新已是國際風潮、新經濟社會解方，以及逐步延伸成為公私民協力夥伴關係。

我國社會創新政策發展大致上區分為三個階段（請參考圖 6-6），從早期的各部會個別協助社會企業，到中期的跨部會合作協助社會企業，接著在後期的擴大發展社會創新，其概念是逐步擴大與深化社會價值。在早期，我國政府在社區發展、弱勢就業促進、合作社發展等面向，如勞動部推動「永續就業工程」、「多元就業開發方案」、「培力就業計畫」等相關工作，而後 2011 年成立「社會經濟推動辦公室」進行社會企業相關團體的培力等，皆有不同的部會政策協助與投入相關資源，然而較缺乏跨部會合作與溝通協調機制，使得整體效益較難整合發揮，或是跨部會相關議題往往擱置難解。基此，我國政府開始思考將相關政策進行橫向串聯與轉型，以回應當時的社會經濟發展需求，因而將 2014 年訂為「社會企業元年」，投入跨部會的 1.6 億資源，為期三年（2014 年至 2016 年）的行政院「社會企業行動方案」，並鑑於台灣對於社會企業內涵了解尚淺，定調「先行政後立法」的推動模式。隨之，地方政府也一同呼應社會企業的重要性，因而在台北成立社企大樓，相較於行動方案支持古蹟官邸維修重建的社企聚落，更強調在地性與公益性。

2017 年，我國進一步將社會企業概念擴展為社會

創新，經濟部中小企業處在過去的空軍總部設立社會
創新實驗中心，提供社會創新團隊進駐與諮詢輔導等
資源，辦理主題式策展與活動，唐鳳政務委員也固定每
周三在此與社企、社創團隊溝通對話，協助解決相關疑
問與障礙。隨後，我國各界開始反應相關政策需延續推
動，奠基於社會企業行動方案之上，我國為持續推動社
會創新發展，並響應聯合國 SDGs，行政院於 2018 年
8 月 5 日通過「社會創新行動方案」，由我國 12 個相
關部會在五年內匡列新台幣 88 億元資金，以完善我國
社會創新友善發展環境，建構我國社會創新的「暖實
力」。同年，立法院成立跨黨派的「社會創新國會」，
作為產官學之間的跨界對話平台，另我國公司法修改，
增訂公司除以營利為目的外，得採行增進公益的措施，
突顯我國相當重視企業社會責任的重要性，亦解決公司
型態之社會企業在原公司法底下可能面臨的困境，即為
達成社會使命而難以將盈餘完全分配給股東，在新公司
法規定之下，可做公益使用，更加符合社會企業的定義
與核心價值。綜上可知，我國的政策脈絡是逐步漸進發
展，透過跨部會資源整合強化基礎，再透過多元組織與
創新模式的拓展，成為一個逐步成熟且完整的社會創新
發展體系。

圖 6-6　我國政府推動社會創新措施歷程

資料來源：行政院（2018），重大政策、本院新聞，落實「創新、就業、分配」新經濟模式推動社會創新發展，https://www.ey.gov.tw/Page/9277F759E41CCD91/e87f5d23-98ea-4c81-8e11-4c04c9fda256。

（二）社會創新行動方案

1. 方案重要依據

　　有鑑於前述社會創新的發展背景與推動歷程，奠基於 2014 年行政院核定「社會企業行動方案」之推動架構，我國政府也開始積極具體回應與重視聯合國永續發展目標（SDGs），尤以 2017 年 9 月我國於紐約發表台灣第一份 SDGs 的國家自願檢視報告（Voluntary National Reviews, VNRs），藉此與各國分享台灣在推動 SDGs 與社會創新的經驗與成果，顯示即便我國雖非聯合國成員，但實踐 SDGs 是台灣身為地球公民的責任與權利。蔡英文總統亦於當年的國慶演說中指出，「我們將全力推動聯合國 SDGs，也就是『永續發展目標』」。基此，進一步促進社會創新發展邁向新的里程碑。

　　此外，推動社會創新行動方案的政策依據之一為行

政院核定之「107年國家發展計畫」，該計畫除了藉由振興經濟六大措施之推動、讓繁榮經濟成為各項建設與改革的後盾，同時也呼應國際間已達成共識的永續發展目標之核心價值，進而達成智慧國家、公義社會、幸福家園等重要國家層級目標。此外，社會創新被視為對內實踐「創新、就業、分配」新經濟模式，對外呼應全球永續發展願景 SDGs 的最重要途徑之一。

　　根據行政院於 2018 年 3 月 21 日所召開的「第一次社會創新聯繫會議」中，指示制定「社會創新行動方案」，並於同年 8 月 9 日經濟部在行政院會向院長賴清德報告「社會創新行動方案規劃辦理情形」後核定。此方案為推動我國社會創新發展，促進國內經濟、社會、環境等包容性成長，並以「開放、群聚、實證、永續」之理念建立社會創新友善發展環境，發掘台灣多元社會創新模式，並扣合聯合國永續發展目標之推動方向。

2. 方案架構與策略

　　「社會創新行動方案」具體設定「建立社會創新全民共識」、「優化社會創新經營能量」、「排除社會創新推動障礙」、「鏈結社會創新全球網絡」等四大目標。就推動架構來說，整體方案透過「社會創新聯繫會議」進行跨部會橫向運作，並由經濟部擔任行政幕僚單位，整合協調經濟部、勞動部、教育部、文化部、內

政部、外交部、科技部、衛生福利部、行政院農業委員會、原住民族委員會、金融監督管理委員會、國家發展委員會及行政院國家發展基金管理會等 13 個單位，跨部會推動「價值培育」、「資金取得」、「創新育成」、「法規調適」、「推動拓展」、「國際連結」等六大策略（請參考圖 6-7），相關說明如下。

圖 6-7　社會創新行動方案架構

資料來源：行政院（2018），重大政策、本院新聞，落實「創新、就業、分配」新經濟模式推動社會創新發展，https://www.ey.gov.tw/Page/9277F759E41CCD91/e87f5d23-98ea-4c81-8e11-4c04c9fda256。

(1) **價值培育**：將社會創新概念融入民間，深耕國人永續發展意識，以逐步提升社會認知、共識與支持。

(2) **資金取得**：導入社會創新營運活水，促進資金挹注標的，兼顧環境、社會、治理價值。

(3) **創新育成**：強化社會創新相關組織社群、資源連結與營運體質，並盤點相關典範案例以傳遞社會創新影響力。

(4) **法規調適**：依據議題發展需求進行法規鬆綁及修正討論，排除社會創新推動相關限制與障礙。

(5) **推動拓展**：配合公部門政策協助，研擬或試行多元社會創新運作機制。

(6) **國際連結**：掌握全球社會創新發展脈動，串聯跨國相關業務合作與經驗交流，提升我國社會創新國際能見度。

　　有鑑於前述方案規劃之六大推動策略，主要呼應民眾、社會創新組織與整體生態系相關的政策需求面向，包含建立跨部會、中央及地方政府之資源整合網絡；建構在地與國際之推動機制及調查研究；連結企業等外部資源協助社會創新組織運作；建置社會創新客製化育成輔導體系；辦理相關廣宣、教育、辨識等措施；排除現行法規障礙與檢視新興議題之適法性等多元面向。基此，此方案以「整合發展資源」、「優化經營能量」、「排除推動障礙」及「建立全球網絡」等作為核心推動目標，期達到「建立我國社會創新友善環境，發掘台灣多元社會創新模式」之方案願景。

　　此方案合計五年共匡列約 88 億元，由 12 個部會編列公務預算及相關基金預算支應。進一步分析各部會匡

列預算規模，可發現教育部為此方案規模最大之部會，其中以「價值培育」策略下的「推動大學社會責任實踐計畫」為關鍵，教育部規劃五年投入總額超過 50 億元，補助各大專院校藉由教師帶領學生以跨科系、跨領域、跨團隊、跨校串聯的力量，或結合地方政府及產業資源，共同促進在地產業聚落、社區文化創新發展，進而培養新世代人才對真實問題的理解、回應與採取實踐行動的能力，透過教育資源協助社會創新發展。其次，勞動部是在「推動拓展」的策略下持續多年執行「多元就業開發方案」及「培力就業計畫」，以補助民間團體從事在地就業機會的創造與弱勢就業為主要目的，亦辦理社會創新職能訓練課程，協助民間參與多元就業開發方案及培力就業計畫之創新提案。此外，經濟部在此方案分別參與「創新育成」與「國際連結」兩大策略，然其主要以中小企業處為幕僚之相關作業，其所對應之計畫為「社會創新企業支援平台（107 年）」與「科技社會創新促進價值躍升計畫（108-111 年）」，其相關工作則是依此方案推動之幕僚單位角色所訂定，包含跨部會之社會創新聯繫會議，及社會創新行動巡迴座談、社會創新實驗中心等重要工作[13]。

---

13 依據社會創新行動聯繫會議，方案目前重點成果如下：1. 價值培育：推動大學社會責任（USR），鼓勵超過 114 間大專院校團隊、220 件計畫申請於地

（三）從社會企業到社會創新

由於社會創新行動方案奠基於過往所推動的社會企業行動方案，不僅是從單一組織延伸至多元組織的概念，且所推動的方式，亦從鼓勵運用商業力量完成社會使命，擴展至透過運用技術、資源、社群合作來創造社會價值，皆可視爲社會創新相關的推動工作。此外，呼應我國 2018 年修正公司法第 1 條之內文，增訂公司除以營利爲目的外，並得採行增進公益的措施，等於將「企業社會責任」正式納入法律條文，明示我國重視企

方實踐社會創新服務；建置「社會創新平台」、「社會經濟入口網」、「新作坊」等資訊平台，扮演資訊共享、學習、匯集等關鍵角色；2. 資金取得：鼓勵公司治理評鑑納入企業與社創合作、SDGs 說明等；提供原民事業相關營運資金，貸放金額超過 3.2 億元；3. 創新育成：辦理 Buying Power 社會創新採購獎勵機制，鼓勵政府與企業以行動支持社會創新發展，累計採購額已突破 31 億元；推動合作事業、農村社區企業發展，提供相關培訓及輔導服務；4. 法規調適：召開社會創新聯繫會議，利用橫向溝通協調處跨部會議題，如「社團法人成立閉鎖性公司」、「勞動合作事業公平參與政府標案」等相關案件，藉現行法規政策鬆綁拓寬社會創新組織發展空間；5. 推動拓展：促進社會創新組織登錄，累計社會創新業者逾 750 家，協助提升社會辨識與支持，並提供輔導資源；營運社會創新實驗中心，辦理超過 7,000 場課程、工作坊、倡議等相關活動，並累計吸引超過 15 萬人參與交流，形成社會創新資訊匯流與傳播之重要基地；每年創造就業機會超過 2,000 個，弱勢輔導至少 2,000 人；透過社會經濟入口網（雙語服務），共有 461 篇社創相關知識分享；6. 國際連結：每年透過公私民合作在台辦理亞太社會創新高峰會，並組團參與社會企業世界論壇（SEWF），與國際相關社群網絡進行資訊與經驗交流。

業社會責任的重要性，同時也帶動企業共同協力推動社會創新的新生態。

然而進一步比較分析社會企業行動方案與社會創新行動方案，在方案願景、目標、推動策略、經費規模、推動單位、管考機制均略有不同（請參考表 6-3），可發現社會創新行動方案所推動的範圍與規模都更加擴大。例如，社企方案旨在扶持推動單一的創新組織型態「社會企業」，新的社創方案則不再強調特定組織型態，而是包含多元的組織，並支持以創新或科技的方法來解決社會問題的模式。此外，在管考機制亦由原先以青年就業為主要考量的「行政院青年創業專案」，調整為跨部會且針對方案執行之「行政院社會創新聯繫會議」，具有明確政策定位與橫向協調合作之功能。

表 6-3 社會企業行動方案與社會創新行動方案比較

	社會企業行動方案	社會創新行動方案
實施期程	103-105 年	107-111 年
方案願景	營造有利於社會企業創新、創業、成長與發展的生態環境	以「開放、群聚、實證、永續」之理念建立社會創新友善發展環境，發掘台灣多元社會創新模式，並扣合聯合國永續發展目標之推動方向
方案目標	1. 提供友善社會企業發展環境 2. 建構社會企業網絡與平台 3. 強化社會企業經營體質	1. 建立社會創新全民共識 2. 優化社會創新經營能量 3. 排除社會創新推動障礙 4. 鏈結社會創新全球網絡

表 6-3 社會企業行動方案與社會創新行動方案比較（續）

	社會企業行動方案	社會創新行動方案
推動策略	調法規、建平台、籌資金、倡育成	價值培育、資金取得、創新育成、法規調適、推動拓展、國際連結
經費規模	合計三年共匡列投入 1 億 6,120 萬元，由各部會編列公務預算及相關基金預算支應	合計五年共匡列投入 88 億元，由各部會編列公務預算及相關基金預算支應
推動單位	由經濟部、勞動部及衛生福利部作為前導推動單位	由經濟部、勞動部、教育部、文化部、內政部、外交部、科技部、衛生福利部、行政院農業委員會、原住民族委員會、金融監督管理委員會、國家發展委員會及行政院國家發展基金管理會推動
管考機制	納入行政院青年創業專案聯繫會報管考機制	每年就執行成果提報行政院社會創新聯繫會議，並滾動式檢討、協調及整合管控績效

資料來源：本研究整理自行政院社會企業行動方案、行政院社會創新行動方案。

八、本章小結

隨著社會、經濟與環境問題日趨複雜且風險遽增，「社會創新」漸受到關注，因而聯合國在 2015 年提出全球須共同投入的 17 項永續發展目標（SDGs），不

僅世界各國以政策、採購與報告等多元方式積極參與SDGs，企業界更提出 SDGs 相關永續報告並調整營運模式，甚至全球性投資機構更以永續概念推動 ESG 相關準則與影響力進行投資。此外，我國於 2014 年先提出社會企業行動方案，而後於 2017 年提出我國首部VNR，並於 2018 年透過核定「社會創新行動方案」進行整合性、跨領域、多元化的行政院層級重要政策，期透過推動社會創新找出解決社會問題之新途徑，逐步達成聯合國永續發展目標。

就整體永續發展所帶動近年蔚為風潮的 SDGs 與ESG 等重要議題，實際上與社會創新息息相關，本章第一部分已有完整描述，在此就不重複說明，然而重點在於面對全球經濟日趨複雜的跨國議題、灰犀牛事件的不斷發生，社會創新不僅為既存問題找出更佳解決方案，同時結合有效性、效率性、永續性等元素，把現有重大挑戰翻轉成發展機會，持續創造及展現社會價值。有鑑於國際上的主要國家陸續推出重要社會創新相關政策，如本章第二部分以下所述，包含英國成立專責單位，陸續推出社區利益公司提升營運效率及連結各界資源，並啟動社會影響力債券、大社會銀行、社會證券交易中心等運作工具使社會創新組織多元化籌資管道；歐盟執行委員會則制定「歐洲 2020 策略」，並透過「展望2020」資助社會創新計畫，亦鼓勵各會員國投入社會政

策實驗，促進公私部門與公民社會共同改善既有的社會服務，進行社會政策的創新，亦成爲典範；美國透過市場機制引導 B 型企業逐步發展，成爲企業實踐 ESG 與國際準則的重要認證之一；而在亞洲的新加坡與韓國也在近年有更具策略性的政策規劃，兩者皆透過清楚的認證機制讓社會創新組織可以獲得外界認知，以及搭配國家政策協助其在各發展階段有更適切的資源導入，並且在近年逐步強調整體社會創新網絡與生態系的建構與活絡，使得社會創新組織可以獲得更多元的資源，並且更能夠朝向永續發展的目標邁進。

　　綜上可知，透過聯合國的永續發展目標成爲全球在 2030 年的共同目標，國際與主要國家的相關推動政策的趨動之下，我國也逐漸埋下社會創新的種子。然而，我國社會創新行動方案（2018-2022）已完成階段性任務，我國產官學研各界更引領期盼我國社會創新的下一步，是否能回應當前全世界與國內所面臨的諸多挑戰，或是透過數位轉型、淨零排放、ESG 等重要政策引導，讓更多社會創新組織得以永續營運，更多企業與民眾也加入實踐永續發展與社會創新的夥伴關係，展現台灣獨一無二的「暖實力」，眞正達到「不遺漏任何人」的核心承諾。

─── 思考小練習 ───

1. 社會創新組織與社會企業的差異在哪？僅是設立的組織型態不同嗎？如何分辨其與一般組織、一般企業的差異？從規模、員工、商業模式、設立目的、組織章程等，何者才是關鍵？

2. 世界主要國家多有推動社會創新政策，我國近年最關鍵、規模最大且跨部會的重要政策為何？與世界上較早發展相關概念的歐盟、美國或英國有何差異？與亞洲的韓國或新加坡是否有推動政策上明顯的差異？

3. 我國是否有推動社會創新相關認證機制，以利區隔一般企業與社會創新組織？要在哪裡才能查詢到我國全部的社會創新組織呢？以營利為主或是以非營利為主呢？

─── 延伸閱讀 ───

• SDSN, Sachs et al., From Crisis to Sustainable Development: the SDGs as Roadmap to 2030 and Beyond. Sustainable Development Report 2022. Cambridge: Cambridge University Press, 2022, https://dashboards. sdgindex.org/chapters.

• 社企流，社企力：台灣第一本「社會企業」實戰聖經！做好事又能獲利，邁向永續的社會創新工程，果力文化，2022 年 10 月 26 日。

• 社企流、願景工程基金會，永續力：台灣第一本「永續

發展」實戰聖經！一次掌握熱門永續新知＋關鍵字，果
力文化，2022 年 11 月 7 日。

- 張安梅，精實影響力：非營利組織的創新，天下文化，
2022 年 3 月 31 日。
- 筧裕介、陳令嫻譯，地方創生 ×SDGs 的實踐指南：孕
育人與經濟的生態圈，創造永續經營的地方設計法，
2022 年 4 月 27 日。
- 劉子琦，英國社會企業之旅：以公民參與實現社會得利
的經濟行動，新自然主義，2017 年 8 月 24 日。

第七章

影響力投資與永續投資
（ESG）

吳道揆 *、陳一強 **、王儷玲 ***

一、影響力投資之定義與核心特質

二、影響力投資的發展歷程

三、影響力基礎論述

四、影響力投資、責任投資、ESG 投資之比較

五、影響力投資之迷思

六、主題式影響力投資與 SDGs 的實踐

七、影響力投資之全球趨勢

八、影響力投資在台灣的發展

九、為有源頭活水來，用投資陪跑影響力的社會實驗

---

*　　台灣影響力投資協會共同創辦人及執行長，2022 金書獎「影響力投資」
　　作者，輔仁大學兼任副教授，永續顧問，新創導師。

**　 活水影響力投資總經理 / 共同創辦人、台灣影響力投資協會副理事長。

***　國立政治大學風險管理與保險學系教授、國立政治大學金融科技研究中心
　　主任、國立政治大學 Amundi 投資創新研究中心主任、中華民國退休基金
　　協會理事長。其他職務及經歷：金管會主委、金管會副主委、政大副校
　　長、政大商學院副院長。

摘要

在永續金融的轉型過程中，首先由消費者改變消費的選擇，以永續消費來改變世界；而企業在經營管理的同時，也開始要求供應鏈齊聲配合綠色管理，以永續生產來改變世界；最後以資金的能量，要求被投資企業發揮更大的影響力，用投資來改變世界。

「影響力投資」是繼責任投資及 ESG 投資之後的最新發展，此概念首度出現於 2007 年，迄今不過 16 年，在全球各地迅速發展，各類研究、工具、課程日益齊備，許多資金需求者（被投資企業）、資金供給者（投資人）、專業服務者（資產管理及顧問公司）、研究推廣者（學校、機構、協會）、政策及監督者（各國各級政府）等都紛紛參與其中，生態系統已逐漸成形。

學習點

1. 影響力投資的緣起、目的、定義與核心特質
2. 以「調動私人資本，促進公共利益」（private capital for public good）的全球趨勢
3. 破解影響力投資的迷思及與 ESG 投資的異同
4. 學習影響力的論述，作為 IMM 影響力衡量與管理的基礎

關鍵詞

影響力投資（impact investing）、ESG 投資、責任投資、資本光譜（spectrum of capital）、影響力衡量與管理（IMM）、變革理論（Theory of Change）、影響力五維度（5-dimension）、影響力 ABC 分類、影響力管理營運準則（Operating Principles for Impact Management, OPIM）、聯合國永續發展目標（SDGs）

一、影響力投資之定義與核心特質

（一）影響力投資的定義

根據全球影響力投資聯盟（The Global Impact Investing Network, GIIN）的定義，「影響力投資爲有意爲社會及環境造就正面可衡量的影響力，也同時創造利潤的投資」。影響力投資既然稱作投資，就一定要有利潤，否則只能稱之爲慈善或公益，而有別於傳統投資的地方，在於必須要有正面且可衡量的影響力。

影響力的定義在於解決人類所面臨的挑戰，包括全球暖化所造成的環境問題及因貧富不均所造成的社會問題。其中有些問題是企業可以採取行動予以解決的，例如飢餓與糧食問題（糧食增產、減少浪費、食品安全）、節能減碳問題（減碳科技、綠能電廠、電動運輸），或醫療健康（疫苗、新藥、輔具、設備、遠距、AI）。公司投入影響力投資可以體現企業的價值觀、解決社會問題、開拓新的產品與市場，爲自身創造新的營收、增加企業影響力、提升企業市值、符合社會期待及政府政策。

整體而言，影響力投資是在投資基本的二維思維（風險及利潤）上，增加了影響力，成爲風險（risk）、利潤（profit）、影響力（impact）的三維考量，而影響力投資對企業的意義是藉著提升企業影響力來提升企業

價值。

（二）影響力投資的核心特質

　　全球影響力投資聯盟用四個核心概念來闡述影響力投資的「特質」，這些特質並不是影響力投資的標準或條件，而是具備愈多特質，愈是典型的影響力投資，但沒有達到並不代表不合格。

1. 有目的的投資（intentionality）：投資的目的就是要「有意」將解決某個特定問題當作事業發展的根據與機會。

2. 運用證據及影響力資料來設計投資計畫（evidence & impact data）：不可只倚靠直覺及感覺，重點在影響力資料的定義、收集及運用。

3. 影響力績效管理（manage impact performance）：要有完整機制來管理及提升影響力，正如同有機制來管理及提升投資報酬一樣。

4. 助益影響力投資的產業發展（contribute to impact industry）：使用並分享經驗、做法、工具及數據，讓更多的人可以更好地參與影響力投資、共同面對挑戰。

二、影響力投資的發展歷程

（一）影響力投資緣起與組織

「影響力投資」一詞緣起於 2007 年洛克菲勒基金會在北義大利的一場盛會，當時知名的企業家、金融家及慈善家認為面對日益嚴峻的環境問題及社會問題，投資必須要從追求利潤的單一底線（single bottom line）轉向同時追求投資利潤及社會效益的雙重底線（double bottom line），以驅動廣大的私人資本，在追求利潤的同時，參與解決公共議題。

之後，「Private Capital, Public Good」（私人資本，公共利益）這個標題首度出現在美國影響力投資國家諮詢委員會（National Advisory Board on Impact Investing, NAB）的第一本年度報告，明確揭示影響力投資全球運動的目的：調動私人資本，解決全球挑戰。

目前全球影響力投資重要的國際推動組織有二，首先是位於紐約的「全球影響力投資聯盟」，全球影響力投資聯盟於 2009 年由洛克菲勒基金會協同金融家、企業家及其他著名慈善機構，在柯林頓全球倡議中正式成立，是全球最早也最重要的影響力投資推動機構。

第二個組織是源自 2013 年倫敦舉行八大工業國組織（G8）高峰會後成立的「全球影響力投資工作小組」（Global Social Impact Investment Taskforce），後

改組成立「全球影響力投資指導委員會」（The Global Steering Group for Impact Investment, GSG）。GSG 位於倫敦，是推動影響力投資全球級別最高的半政府組織。GSG 的全球影響力建立在一個獨特且不斷壯大的國家諮詢委員會小組的基礎上，該小組目前由代表 35 個國家和地區的 30 個諮詢委員會（NAB）及工作組（taskforce）[1] 組成。

（二）影響力投資過去 15 年的發展時間軸

　　以下彙整過去 15 年影響力投資的重要發展，主要包括官方及半官方組織的投入，由於私人投資機構的參與甚多甚廣，難以一一描述，故未列入。

1. 2007 年，「影響力投資」名詞：洛克菲勒基金會邀集慈善家、金融家、企業家共同鑄造了「影響力投資」名詞及基本概念。

2. 2009 年，全球影響力投資聯盟：洛克菲勒基金會協同其他機構共同捐資成立全球第一個影響力投資的研究及推動機構。

3. 2010 年，社會影響力債券（Social Impact Bond, SIB）：史上第一個「社會影響力債券」在英國誕生。至 2019 年，全球共發行 137 個 SIB，4.5 億美元，影

1　台灣影響力投資協會即為代表台灣的工作組。

響 120 萬人。

4. 2011 年，大社會資本（Big Society Capital）：英國修法動用休眠帳戶資金及四大銀行注資成立大社會資本，作為產業發展基金，投資專業廠商，活絡影響力投資產業。

5. 2011 年，亞洲社會投資網絡（AVPN）：AVPN 目的是在亞洲建構影響力投資（社會投資）的生態系統，目前在 33 個地區／國家有 600 多位會員。

6. 2013 年，倫敦八大工業國組織會議：舉辦「G8 社會影響力投資論壇」（The G8 Social Impact Investment Forum）整合八大工業國共同參與。

7. 2013 年，全球影響力投資指導委員會（The Global Steering Group for Impact Investment, GSG）：G8 會議後，隨即成立「工作小組」，是為 GSG 的前身，並促進各國成立影響力投資國家諮詢委員會（National Advisory Board, NAB）。

8. 2014 年，國家諮詢委員會：各國紛紛成立 NAB，並首度提出國家影響力報告（現況及未來規劃）。

9. 2014 年，天主教參與：2013 年新任教宗方濟各就任，次年召開「梵蒂岡全球影響力投資大會」，倡導並推動影響力投資服務公共利益。其後 2016 年及 2018 年又再度舉辦兩次。

10. 2015 年，聯合國永續發展目標（Sustainable

Development Goals, SDGs）：聯合國 193 個國家共同頒布「永續發展目標」，成為各國合作在 2030 年前解決環境及社會挑戰的目標，亦即成為影響力投資界的目標及影響力衡量最重要的標準。

11. 2015 年，美國政策准入：美國聯邦稅務局（IRS）明確指出允許慈善機構參與「使命型投資」，打開美國慈善機構及大學基金上兆美元大門參與影響力投資。例如其後福特基金會投資 10 億美元在影響力投資。

12. 2016 年，永續影響力指數（MSCI ACWI Sustainable Impact Index）問世：大幅促進影響力投資在上市公司投資的發展。

13. 2016 年，影響力管理項目（Impact Management Project, IMP）：在聯合國會議中，由全球最主要的九家標準設定組織成立，旨在發展影響力衡量與管理（Impact Measurement and Management, IMM）的工具並凝聚共識，會員遍及全球的影響力投資界。主要有影響力五維度（5-dimension）及影響力 ABC 分類，並與哈佛大學共同發展影響力加權會計。IMP 計畫任務於 2021 年結束，其成果及資源轉錄到 Impact Frontier 繼續發展。

14. 2018 年，影響力加權會計項目（Impact Weighted Accounting Project, IWA）：由 IMP、GSG 及哈佛

商學院合作，目的是要創造新的影響力加權會計系統，可以衡量企業所造成的財務、社會及環境三方面的正面及負面影響，供投資人及管理者做出對社會及環境更友好的決策。

15. 2019年，影響力管理營運準則（Operating Principles for Impact Management, OPIM）：由世界銀行旗下的國際金融公司（IFC）研發推動的九項投資基金「影響力管理營運準則」，全球38個國家的163家金融機構簽署，代表著約4,800億美元的資產管理規模。

16. 2019年，影響力投資協會（Impact Investing Institute）：英國政府整併英國NAB成立「影響力投資協會」，是政府最高層級的研究及推動機構，推動減稅獎勵、實質採購及退休金參與影響力投資等措施。

17. 2019年，新加坡影響力投資基金：主權基金淡馬錫募集新加坡第一個影響力投資基金，近3億美元。

18. 2021年，法規規範制定：歐盟永續金融揭露規範（Sustainable Finance Disclosure Regulation, SFDR）明確對影響力投資的基金做出具體定義及揭露要求，2022年美國證券交易委員會（United States Securities and Exchange Commission, SEC）也對影響力投資提出草案，可見影響力投資已更受

重視。

19. 2022 年，資產管理規模（Asset Under Management, AUM）新高紀錄：根據全球影響力投資聯盟的估算，影響力投資 AUM 達到 1.164 兆美元，首次突破 1 兆美元。

近年來，氣候危機與影響力績效報告透明度的推動，以及全球可持續性報告標準的公布，引起人們對實施影響力投資的重要性及戰略更多的關注。根據全球影響力投資聯盟 2022 年影響力投資市場報告顯示，截至 2021 年 12 月有超過 3,349 個組織管理 1.164 兆美元的影響力投資資產。而國際金融公司報告[2]指出，全球影響力投資在 2020 年底的資產規模估計為 2.3 兆美元。賓夕法尼亞大學華頓商學院（The Wharton School）的研究更指出，未來五年全球影響力投資的資產管理規模有望來到 7 兆美元，對比當前約 7,000 億美元的規模，足足翻了 10 倍。全球影響力投資的成長快速，顯示影響力投資已漸成為全球趨勢。

2　Investing for Impact: The Global Impact Investing Market 2020, IFC (2021).

三、影響力基礎論述

　　關於影響力描述企業或基金的影響力計畫與成效，以下介紹三個主要的基礎論述：

（一）變革理論

　　變革理論（Theory of Change, ToC）旨在建構一個項目或公司投入產出之間的邏輯關係，幫助企業或機構做項目的規劃、管理、衡量、提升及決策。機構在使用ToC時通常先發掘並定義待解決的「問題」，並且設定項目長期「目標」及「影響」，然後以終為始，用倒推法界定中期目標「成果」、短期目標「產出」，再探討需要採取哪些「行動」及需要哪些資源的「投入」。當然，還要設計各個階段的指標、衡量方法、所需資料（data）及其收集方式，最後也應說明項目的限制與風險。

　　ToC的邏輯思考，在每個階段之間都要有明確的因果關係，藉由此方法可以幫助我們專注任務、釐清因果、確認成果的合理性、檢討假設、了解進度，用證據做決策，也納入利害關係人的多元觀點，因此也有助於建立共識及分配資源。ToC雖然強調在過程中需要不斷反饋與調整，但它的邏輯基本是前後因果的線性模式，較難處理非線性多元且循環的關係模式。

　　過去大部分用於慈善機構、非營利組織、非政府組織、研究機構及政府援助，希望藉助 ToC 來了解、規劃、衡量項目的成效，管理項目並分配資源。如今永續行動崛起，也有愈來愈多的企業用 ToC 來管理他們各種項目的社會效益。

（二）影響力五維度

　　相較於 ToC 涵蓋完整過程，影響力管理項目的五維度特別專注在造成的影響或效益本身。分別是：

1. What：預期該項目可以達成什麼成果，無論正面或負面。該項目對利害關係人的重要性為何，以及與 SDGs 的關聯性。
2. Who：項目對哪些社會、環境或群體造成了影響及改變。
3. How Much：造成多少影響，包括影響範圍有多大（例如多少人）、影響程度有多深（例如收入提升的百分比）、影響期間有多長（甚至同一項目內，對不同利害關係人有不同的影響期間）。
4. Contribution：成果是否的確來自我們的投入或行動，必須扣除自然增長的成果及其他活動的影響。
5. Risk：影響力未如預期發生的可能性、來源及其嚴重性。包括證據風險、外部風險、協作風險、斷線風險、效率風險、執行風險、對焦風險、耐力風險、未知風險等九類。

（三）ABC 影響力分類法 [3]

　　ABC 分類是評估一家企業或一個項目對社會或環境所產生的影響力是屬於哪個級別。實際在分類時，需牽涉到影響力資料的收集及評估。但無論在 ABC 的哪一種分類，只要有利於人類社會永續都可以稱之為永續投資。定義如下：

1. 採取行動，避免傷害（act to avoid harm）：防止或減少對環境或社會造成重大的負面成果。

2. 有益於利害關係人（benefit stakeholders）：非但要避免傷害，還要對社會或地球產生各種不同的正面成果。

3. 對解方做出貢獻（contribute to solutions）：非但要避免傷害，還要對弱勢或地球產生至少一種或以上重大且正面的影響。

---

3 A Guild to Classifying the Impact of an Investment, https://impactmanagementproject.com/wp-content/uploads/A-Guide-to-Classifying-the-Impact-of-an-Investment-3.pdf. 其簡體中文版「投資影響力分類指南」，https://29kjwb3armds2g3gi4lq2sx1-wpengine.netdna-ssl.com/wp-content/uploads/-3.pdf.

四、影響力投資、責任投資、ESG 投資之比較

　　根據永續發展的時代演進，永續投資前後出現了三個主要類型：責任投資、ESG 投資及影響力投資，本節以 ABC 分類與資本光譜分類兩個概念來說明以上三類投資的異同。

（一）從 ABC 分類分析

　　ABC 分類有助於在永續投資裡區分不同類型的投資，分析如下：

1. **責任投資**：以 A 類（避免傷害）為主。用負面表列拒絕投資對人類有害的產業，例如菸酒、賭博、武器、色情等，減少傷害，也就是以投資實踐自己的價值觀。

2. **ESG 投資**：以 B 類（有益利害關係人）為主。ESG 講究的是「友善／公平／透明」，即對環境友善（E）、對社會／利害關係人公平（S）、對資訊揭露透明（G），可以減少 ESG 發生問題所帶來的風險，甚至掌握 ESG 裡的機會，並有益於利害關係人（包括人類及地球）。因此，ESG 投資是：投資注重 ESG 表現好的公司（獎勵）、不投資 ESG 差的（懲罰），或用投資的力量來提升被投資企業的 ESG 表現（議合）。

3. **影響力投資**：以 C 類（貢獻解方）為主。不僅要
   ESG 的「友善／公平／透明」，更要針對某一項（或
   幾項）社會／環境問題，提出解決方案，並造成實際
   的改變。例如：投資新能源科技，解決二氧化碳排放
   及全球暖化問題；提供微型貸款、創造就業、消除貧
   窮、發展經濟、減少不平等；研發新藥，解決某種疾
   病問題，增進人類的健康與福祉等。這些基本上都可
   以明確對應 SDGs。

（二）從資本光譜分類分析

　　不同的投資資金在獲利的需求、風險的承擔、期間
的長短都有不同的要求與限制，甚至在運用的目的、使
命的選擇及主題的偏好都有不同內涵。2014 年首度由
「橋基金管理公司」（Bridges Fund Management）[4] 提出
的資本光譜，被影響力投資界乃至永續投資界普遍接受
與引用。

　　根據資本光譜，由左至右說明分析如下，並請參見
圖 7-1：

4　橋基金管理公司由柯恩爵士（Sir Ronald Cohen）共同創辦於 2002 年。目的
　在用投資來解決社會／環境問題並獲取相應的投資利潤，是典型的影響力投
　資基金。他們用盈餘成立了「橋影響力基金會」，作為長期資本、投資或捐
　贈，以催化尚未成熟的影響力項目，並且啟動了 IMP，也與美國華頓商學院合
　作成立影響力投資中心。

	財務唯一	責任投資	永續投資	影響力投資			影響力唯一
	提供有競爭力的財務回報						
		降低傷害導致，社會和公司治理（ESG）的風險					
			尋求環境、社會和公司治理（ESG）機會				
				專注於可衡量的高影響力解決方案			
說明	有限度地考慮或不考慮ESG實踐	降低傷害的風險以保護價值	採用可提升價值的漸進式ESG實踐	解決為投資人帶來市場財務回報的社會或環境問題	解決為投資人帶來未能證實的回報的社會或環境問題	解決為投資人帶來低於市場財務回報的社會或環境問題	解決無法為投資人帶來財務回報的社會或環境問題
例子		·PE 公司將ESG風險納入投資分析 ·經過德檢視的投資基金	·社會責任投資基金 ·多額公募基金利用ESG深度整合創造附加價值	·專門用於可再生能源的公開上市基金 ·小額信貸結構性債務基金（例如向小額信貸銀行提供貸款） 解決社會或環境問題，並追求市場利潤	·社會影響力債券/發展影響力債券（SIB/DIB） 解決社會或環境問題，並追求略低於市場的利潤	·向社會企業或慈善機構提供準股權或無擔保債務的基金 解決社會或環境問題，並追求高於保本的利潤	

圖 7-1　資本光譜

資料來源：橋基金管理公司（2014）。

1. 財務唯一（最左邊）：以財務利潤為唯一目的的傳統投資。其追求的是有市場競爭力的財務報酬，有限度地或基本不考慮 ESG 的作為。

2. 責任投資（左二）：目的在減少 ESG 風險，採排除法，不投資菸酒、賭博、軍火、色情等。

3. 永續投資（左三）：目的在追求 ESG 的機會。投資行業中 ESG 評級較高的公司，大多是上市公司。

4. 影響力投資（右二）：專注在可衡量的高影響力解決方案，其中又因為利潤及影響力的比重可分成以下三種：

(1) 追求市場報酬型影響力：關注投資利潤及影響力

雙底線，解決社會問題並追求市場利潤。例如上
市公司中投資新能源公司、微型貸款的基金或生
技創投。

(2) 略低於市場報酬型影響力：關注雙底線，解決社
會問題，並追求略低於市場利潤的報酬，包括社
會影響力債券、長期且早期基金或綠色債券。

(3) 略高於保本報酬型影響力：關注雙底線，解決社
會問題，並追求略高於保本的利潤，例如對社會
企業做投資、融資或者慈善機構的使命投資。

5. 影響力唯一（最右邊）：以影響力為唯一目的的慈善
投資（或捐贈）。處理的是沒有市場價值或投資利潤
的社會問題，僅追求影響力的最大化。

　　以上資本光譜，基本上是以資金的使命及利潤的追
求作為基金的分類標準，有助於基金制定目標定義及策
略規劃，也有助於對其他基金的了解及彼此合作的可
能。

五、影響力投資之迷思

　　由於影響力投資的發展與推廣相對較晚，對不熟悉
影響力投資的外界多對其有一些誤解，因此本節介紹影
響力投資最常見的兩大迷思，並彙整過去報告與調查加
以說明。

迷思一：是否需要犧牲利潤來達成使命（trade-off）？

影響力投資是否會犧牲利潤是所有投資人都關心的問題，這也是外界對影響力投資最大的迷思。許多人認為要增加影響力就必須降低利潤，因其主要目的在於解決社會或環境問題，所以認為影響力投資會降低報酬率。說明如圖 7-2。

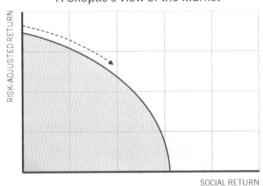

圖 7-2　投資報酬率與社會影響力關係（一）

資料來源：Building Impact Portfolio, Jeff Finkelman, Athena Capital Advisors (2017), https://www.philanthropy-impact.org/sites/default/files/downloads/building-impact-portfolios-whitepaper_1.pdf.

也有人認為，只要不過度追求影響力，就沒有犧牲利潤的問題。也就是說，如果影響力與投資利潤並重，其利潤就基本相同，如圖 7-3：

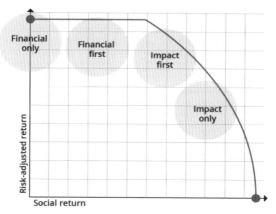

圖 7-3 投資報酬率與社會影響力關係（二）

資料來源：Impact Report, Nordic Investors (2019), https://www.oneinitiative.org/wp-content/uploads/2019/09/Impact_Report_Nordic_Investors_2019.pdf.

　　事實上，影響投資報酬高低的因素甚多，包括主題（糧食、教育、醫療、再生能源、節能減碳）、地域（已開發、開發中）、經濟發展趨勢、投資能力及管理良窳等，因此要說影響力與投資利潤之間有明確的 trade-off（使命與利潤間的取捨），其實是困難的。

　　為釐清此問題，各類研究機構、著名大學、顧問公司、資產管理機構都早已開始研究，發表的報告多如牛毛。大部分的研究都從實證與比較「傳統投資 vs. 影響力投資」出發，研究對象涵蓋上市與未上市的投資、股權、債權，甚至實物資產（如社會住宅）。2015 年

美國著名的 Cambridge Associates 投資管理研究機構與全球影響力投資聯盟做了一份 Introducing the Impact Investing Benchmark 研究，分析不同年份、規模、區域、開發程度的 50 多個影響力投資基金及 700 多個一般傳統基金，結果發現，一般傳統基金整體表現稍好，但經交叉比對後又各有擅場，尤其在規模較小的（1 億美元之內）影響力投資基金，或在開發中國家的影響力投資基金，表現明顯優於傳統基金，因此研究最終的結論是：影響力投資可以達到市場利潤。

　　綜觀過去研究文獻，大部分研究都支持「可以不需要犧牲利潤換取影響力」的結論，有許多研究更指出影響力投資的績效比傳統投資更好，但也有些研究認為無分軒輊，主要因為研究時間不夠長，不足以證明兩者績效的優劣。

　　為追蹤以上疑慮，全球影響力投資聯盟自 2011 年開始出版《全球影響力投資人調查》，希望提供具有長期性、較高的可信度及一致性的特質。根據該調查報告，投資人對影響力投資報酬率有三種不同的追求：

（一）**市場利潤**：包括 88% 的大型投資人、100% 的退休基金及保險公司對其影響力投資的利潤目標是市場利潤，要與傳統投資利潤目標相同。

（二）**略低於市場利潤**：通常包括較小型的投資人，也就是為了使命願意稍微犧牲利潤。

（三）**略高於保本的利潤**：大部分慈善基金、家族辦公室及非營利資產管理公司只求保本或略高，認為報酬只要略高於保本的利潤即可滿足需求。

　　2020 年全球影響力投資聯盟發表影響力投資人調查報告（Annual Impact Investor Survey）說明 trade-off 的迷思。如圖 7-4，以影響力投資人的人數來看，67% 的投資人追求市場利潤，18% 的投資人追求略低於市場的利潤，15% 的投資人追求略高於保本的利潤。

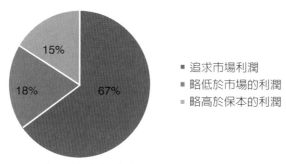

■ 追求市場利潤
■ 略低於市場的利潤
■ 略高於保本的利潤

圖 7-4　2020 年影響力投資人類型比例

　　此外，報告中針對預期利潤的實際達成率分析結果如圖 7-5，有 88% 的投資人對於利潤結果感到滿意，其中 68% 認為達到預期，更有 20% 認為超過預期，而認為未達預期目標的只有 12%。

　　而在追求市場利潤（67%）的投資人中，只有 8% 認為未達預期，卻有 24% 認為結果超乎預期的好。可

見，愈是追求市場利潤的影響力投資人愈會慎選投資標的，也更加努力協助被投資公司完成使命，也愈不會有為了使命而需要犧牲利潤的情況發生。

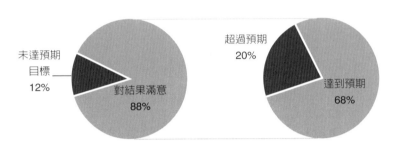

圖 7-5　2020 年影響力投資利潤的實際達成程度比例

該調查研究也發現，有高達 99% 的投資人對於他們影響力績效是滿意的（21% 超過預期，78% 認為達到期望），足見理想與利潤是可以並行不悖，沒有犧牲利潤來達成使命的問題。

GSG 的執行長 Cliff Prior 曾經說：「沒有所謂的 trade-off，影響力投資是否要追求較低的利潤是一種選擇，而非結果之必然。」影響力投資在面對人類挑戰中，尋求解方與機會、發展出新的產品及服務，甚至發掘新的市場，可以因此增加收益及市值，通常不需要面對使命與利潤兩難抉擇的情況。

迷思二：是否只能投資新創公司？

　　早期影響力投資的主要標的是針對解決某一個特定的社會或環境問題而設立的新創公司。然而，既然影響力投資目的在於調動私人資本參與公共事務，以投資改變世界，很自然地就會逐漸延展到資本最集中的資本市場，也就是說，除了新創公司（未上市公司）外，上市公司也都會做影響力投資，可見，影響力投資的資產類別是全面多元的。

　　根據全球影響力投資聯盟 2020 年的投資人調查，2019 年影響力投資的 AUM 約為 7,150 億美元，其資產類別及其比例如圖 7-6：

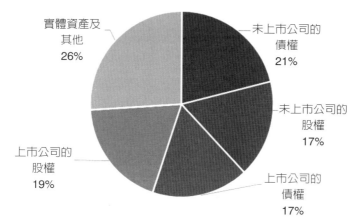

圖 7-6　2020 年影響力投資資產類別比例

　　另外，根據全球影響力投資聯盟 2016 年至 2020 年的投資人調查報告計算，影響力投資 AUM 的總體年均複合成長率（Compound Annual Growth Rate, CAGR）約為 51%，其中增長最快的是上市公司的投資，其 CAGR 約為 95%。從這個趨勢來看，2022 年影響力投資 AUM 最大的投資資產類別應該是在上市公司。因此，影響力投資只能投資新創公司的思維是不正確的。

六、主題式影響力投資與 SDGs 的實踐

（一）影響力投資的代辦事項（**to do list**）及衡量的標準

　　聯合國 SDGs 是在 2015 年由聯合國 193 個會員國為了人類及地球的和平與繁榮提出的永續藍圖，包括消除貧窮、飢餓、不平等、增進健康及教育、促進經濟繁榮、解決氣候變遷及全球暖化並保護海洋及陸地生物多樣化，以及擴大並復育森林等。SDGs 包括 17 項目標（goals）及 169 項細項目標（targets），涵蓋了社會、環境及經濟方面的挑戰，需要所有國家的公部門及私部門共同努力。

　　然而，根據 OECD 的估算，原本要在 2030 年前達成 SDGs 的目標，每年資金的缺口高達 25 億美元，COVID-19 更延誤了進程，惡化了貧富懸殊，現在看

來，每年的缺口提升到了 42 億美元，如圖 7-7 所示，
這顯然是影響力投資可以填補的資金缺口。

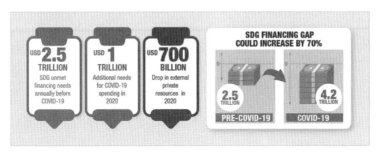

圖 7-7　SDGs 的目標資金缺口

資料來源：OECD Global Outlook on Financing for Sustainable Development
(2021).

　　影響力投資的使命是對社會問題及環境問題提出
解方並賺取利潤，所以 SDGs 就是每項影響力投資的指
示，從 SDGs 的目標可以找到創業或事業發展的方向。
然而不是每一項 SDGs 目標或其細項目標都是企業可以
投資或採取行動的，例如第 16 項（和平、正義、有效
當責的政府機構）與第 17 項（建構永續發展的全球夥
伴關係），以及大部分 SDGs 裡 a、b、c 的細項。因此
企業要運用自己的核心能力解決 SDGs 細項的問題，作
為發展新業務的可能。

　　SDGs 是影響力投資的衡量標準，每項影響力投
資或項目都可以對標 SDGs，並且衡量對 SDGs 的貢獻

度。值得注意的是，由於 17 項 SDGs 是可能相互關聯
的，一項投資可能同時產生正面影響與負面影響，例如
增加農業生產，可以減少飢餓（SDG 2）也可以幫助消
除貧窮（SDG 1），但卻可能增加用水，不利潔淨用水
的使用及分配（SDG 6）。因此，任何企業行動要注意
對其他 SDGs 的正面及負面影響。此外，企業無論在策
略及執行的過程，或是在報告與溝通的時候，都應儘量
只專注在一至二項 SDGs，因為串連太多反而難以建立
投資人的信任。

（二）SDGs 與影響力主題投資

　　SDGs 是全球永續發展的指南，包含了影響力投資
的全部題材，企業及影響力投資人都可以在 SDGs 裡尋
找發展及投資的題材。也就是說，所有的影響力投資都
是主題投資。全球的挑戰主要來自貧富不均造成的社
會問題及全球暖化造成的環境問題，而影響力投資可能提
供的解方（actionable & investable）也因此大致分類如
下：

1. **基本需求（社會問題）**：SDG 1 消除貧窮、SDG 2 消
   除飢餓、SDG 3 健康與福祉、SDG 6 淨水與衛生。
   與農業、醫療、水資源及衛生用品相關的投資多在這
   類。

2. **賦能平等（社會問題）**：SDG 4 優質教育、SDG 5 性別

平等、SDG 8 就業與經濟成長、SDG 9 工業／創新／
基礎建設、SDG 11 永續城鄉。對貧困地區或弱勢提
供教育、女性就業、創造經濟發展或基礎建設，大多
屬於這類。

3. **自然資源（環境問題）**：SDG 6 淨水與衛生、SDG
12 永續消費與生產、SDG 14 海洋生態、SDG 15 陸
地生態。循環經濟、解決海廢、造林植樹等多在這
類。

4. **氣候變遷（環境問題）**：SDG 7 可負擔的清潔能源、
SDG 13 氣候行動。包括任何跟新能源有關的技術、
設備、營運或與防災有關的準備與設施，都對氣候變
遷的防止與調適有關。

　　以上分類雖未包括 SDG 10 減少不平等、SDG 16
和平與正義制度、SDG 17 全球永續夥伴關係，以及
SDG 18 非核家園，不過除了這四類外，也可以有不同
的分類法，例如把經濟發展單獨列項。

　　無論是環境永續或社會永續，都應該是全人類共同
努力的方向。對個人而言，也能透過學習、投資、就業
或創業來實現影響力投資的意義，比如說從事個人投資
時，額外注意選擇的標的是否致力促進社會環境福祉、
就業選擇對 SDGs 有較大貢獻的公司，或創業時找出對
SDGs 貢獻的好解方等，在實踐個人價值觀的同時，賺
取利潤並改變世界。

七、影響力投資之全球趨勢

（一）資產管理規模

　　從全球影響力投資聯盟、國際金融公司等許多調查研究都可以看出影響力投資資產管理規模（AUM）的快速發展趨勢。根據全球影響力投資聯盟報告，將過去五年（2015-2019）的調查報告彙整如圖 7-8，可以看出參與調查的影響力投資機構從 2015 年的 156 家，合計影響力投資 AUM 為 770 億美元，到 2019 年的 294 家，合計影響力投資 AUM 為 4,040 億美元。AUM 的年均複合成長率（CAGR）超過 50%，而其中上市公司的投

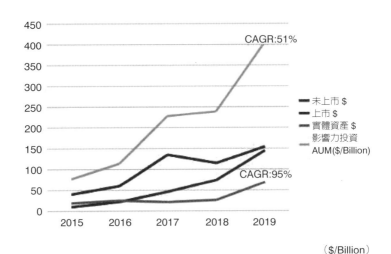

（$/Billion）

圖 7-8　影響力投資 AUM

資（包括股與債）成長最大，將近每年成長一倍。在
2020 年的報告中，全球影響力投資聯盟推估 2019 年全
球共有 1,920 位影響力投資人，其影響力投資 AUM 為
7,150 億美元。

　　另外，根據全球影響力投資聯盟最新調查報告
（2022）估算，全球影響投資市場的規模已達 1.164 兆
美元，估計超過 3,349 家機構參與。如圖 7-9 所示，
基金經理占影響力投資 AUM 的 63%，而退休基金、
家族辦公室、開發金融機構（Development finance
institution, DFI）與基金會等組織加起來占影響力投資
AUM 的 27%，僅次於基金經理。

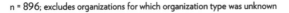

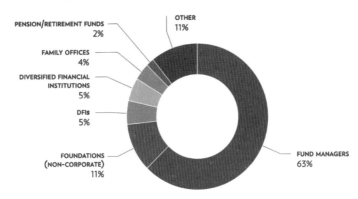

圖 7-9　2022 年參與機構性質分布

資料來源：GIIN, Sizing the Impact Investing Market 2022.

（二）影響力投資潛力市場

　　全球影響力投資聯盟報告也分析影響力投資 AUM 的全球市場分布現況（如圖 7-10），可以發現調查的 1,289 家影響力參與機構，其總部大多位於已開發國家，例如美國和加拿大機構數目占 50%，管理基金占 37%，以及西／北／南歐機構數目占 31%，管理基金占 55%，而在新興市場，影響力投資機構最多駐紮在撒哈拉以南非洲，其數目占 6%，管理基金占 2%、拉丁美洲和加勒比地區機構數目占 3%，管理基金占 1%，以及整個亞洲影響力投資機構占 6%，管理基金占 2.5%。儘管

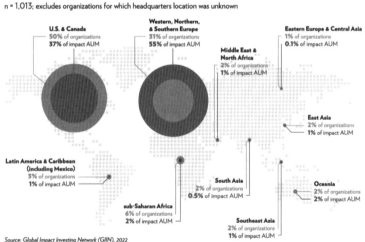

圖 7-10　影響力投資參與機構所在市場分布

資料來源：Global Impact Investing Network (GIIN) (2022).

歐美等已開發國家占影響力投資 AUM 的 92%，但根據
過去調查，所有影響力投資約近六成投資在新興國家，
其中撒哈拉以南非洲就占了兩成。

　　全球影響力投資聯盟的報告也整理兩個在影響力投
資中快速成長的領域，分別是綠色債券和企業影響力投
資。由於綠色債券能夠同時為環境項目和基礎設施融資
創造營收，使投資組合多樣化，並滿足利益相關者對加
強環境責任的要求，綠色債券的發行量以每年 43% 的
速度增長，到 2021 年達到 5,780 億美元。綠色債券的
盛行也帶動其永續固定收益工具的發展，例如藍色債
券、過渡債券、永續債券和社會債券。總結而言，2021
年以永續發展為重點的債券發行量超過 1 兆美元，占同
時期全球債券發行總量的 4% 左右。然而，並非所有的
綠色債券都是影響力投資，這還要看購買債券的目的、
策略及影響力衡量與管理（IMM）的應用。

　　此外，近年來股東對現金儲備進行有效投資的壓
力，加上利益相關者要求企業解決氣候變化和社會不
平等問題，導致企業影響力投資的興起，許多大型企業
也開始將現金儲備部署為影響力投資。舉例來說，鑑於
2020 年對種族平等的關注，美國 50 家最大的上市公司
承諾提供 452 億美元的貸款和投資用於支持 Black Lives
Matter。截至 2020 年底，美國非金融企業持有的現金
儲備增至 2.15 兆美元，同比增長 32%。而截至 2022

年，所有美國公司持有的集體現金儲備估計已高達 5.8
兆美元。因此，未來企業的影響力投資部分也應會有新
的影響力投資發展潛力。

八、影響力投資在台灣的發展

　　台灣的影響力投資發展較國際滯後 10 多年。活水
影響力投資成立於 2014 年（原名活水社企投資），是
台灣最早也幾乎是唯一一家專事投資社會企業及影響力
企業的創投基金。其他投資未上市的創投和私募基金公
司，以及投資上市公司的共同基金或 ETF 也都有主題
式的基金，但除了活水外，尚未有以影響力為名的投資
基金。

　　2020 年初，中華公司治理協會及英國安本標準
投資管理（ASI）聯手出版台灣第一本影響力投資的
專書──《影響力投資的故事：行善致富》（吳道揆
著）。2020 年底，台灣影響力投資協會成立，以「引
領市場資本、共創永續價值」為己任，在台灣推動影響
力投資生態圈的建構，並與世界接軌。

　　2022 年國立政治大學與施羅德投信針對台灣投資
大眾進行調查（如圖 7-11），發現有 96% 的投資人
對影響力投資認識很低（67% 沒聽過，29% 只知道名

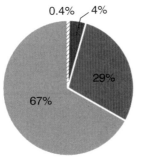

圖 7-11　投資人對影響力投資認知

詞），只有 25% 民眾有投資影響力相關項目（或許未
必以影響力為名）。但是，調查也發現，在閱讀影響力
投資的涵義後，有 81.6% 的人願意做影響力投資。這與
國外的調查數據相近（國外有 85%～95%，特別是年輕
世代）。

　　另外，國立台北大學與國泰金控在 2022 年公布的
「2022 臺灣永續投資調查」中指出，台灣永續資產管
理規模（AUM）總計約 51.3 兆元，相比 2021 年的 47.5
兆元成長了 8.2%。但台灣在影響力投資的部分，調查
103 家金融機構中，只有兩家有在永續投資中採用影響
力投資策略，且這兩家皆沒有採取公開揭露影響力評估
過程和監督結果，以及其採取的影響力投資評估方法偏
向公司自訂的評估方法，顯示台灣在影響力投資的發展
仍有很多可以成長的空間。普遍來說，可能因為缺乏明
確的影響力衡量方式、管理原則及影響力報告規範之可

　　參考依據，因此大多企業多處於觀望階段，使得台灣在
影響力投資的進程的確比國外慢一些。

　　然而，若要使台灣金融機構與企業參與影響力投
資，就會需要政府協助引導金融機構進行，包含國內是
否能參照國際上全球影響力投資聯盟以及相關國際影響
力組織，進行國內的標準與規範訂定，讓台灣的金融機
構與企業有可依循的規則，進而提升台灣影響力投資的
風氣。

　　由於慈善基金本身要永續，因此影響力投資可能是
最好的方法。台灣影響力投資協會也對慈善機構做了類
似研究，結論是：在法令許可的範圍內，幾乎所有的慈
善機構，特別是企業相關的慈善基金，都非常樂意投入
影響力投資。綜上所述，影響力投資在台灣有市場、有
需求，也有工具，相信影響力投資共同基金或更多的創
投公司或私募基金勢必也會在台灣出現[5]。

　　從國內外的影響力投資發展趨勢來看，影響力投資
在過去 15 年的進展，已經從投資學裡一種有理想的特
殊投資策略，迅速轉變成新的投資常態。GSG 的創辦
人及董事長柯恩爵士（Sir Ronald Cohen）[6]曾說過：「為

5　吳道揆，〈台灣第一個「影響力投資基金」何時會出現？〉。

6　柯恩爵士被稱為「英國創業投資之父」及「社會投資之父」。多次接受政府
　　的委託，以創新的做法進行社會創新與投資，是大社會資本的創辦人及首任
　　董事長，也是 GSG 的創辦人及董事長。

了事業的成功與生存，20 年內，所有企業都會把影響
力置入其商業模式。這是消費者、投資人及員工所要
的，他們將會把影響力傳遍全世界。」也就是說他認為
20 年後，影響力投資的名詞會消失，因為所有的企業
都會是影響力企業，否則無法生存，而所有的投資都是
影響力投資，否則無標的可投。因此，我們相信在永續
發展愈加重要的未來，影響力投資應該也會愈來愈壯大
且明顯。

九、為有源頭活水來，用投資陪跑影響力的社會實驗

（一）躬逢其盛，因勢利導

　　2013 年時，台灣的社會創業（social entrepreneurship）
運動正處於萌芽階段，新興的「社會企業」（social
enterprise）或之後被稱為「社會創新企業」（impact-
driven business 或 profit-with-purpose business）的新創
公司逐漸嶄露頭角，但是這些先行者普遍缺乏兼具耐
心、策略資源、志同道合的資金來源。

　　為突破資本不足的障礙，鄭志凱與陳一強先後協助
兩家社會企業進行一項實驗，以俱樂部式眾籌的模式
（club funding）完成募資，之後決定延續此模式提供

市場長期穩定的資金來源，於是結合 40 多位來自台灣及矽谷不同領域與專業的天使，於 2014 年 4 月 10 日共同發起成立活水社企投資開發公司，成為活水影響力投資（B Current Impact Investment）系列的第一號基金，也是台灣第一家 100% 投資早期（Pre-A 或 A 輪）社會創新企業的影響力創投基金管理公司或普通合夥人。

（二）眾人之事，眾人扶之

　　活水俱樂部式募資的模式，遵循同一輪所有投資人均等出資的原則，例如每人新台幣 90 萬、500 萬或 1,000 萬不等，一方面分散風險、增加對獲利的耐心程度，另一方面讓有心的投資人參與及貢獻不同領域的專業與資源網絡，包括個人的智慧資本與社會資本等，協助投資戶成長，甚至與他們一起學習，提升資金的聰明程度。舉例而言，活水每筆投資都盡量爭取董事、監察人或觀察員的席位，並委託合適的投資人出任，抑或組成專家顧問團隊，配合活水的投資經理一起提供投資戶有關公司治理、業務發展、產品／服務精進、人才培用、資金募集及影響力管理等方面的支持，正如諺語所說：「養育一個孩子（投資戶）長大，需要一整個村莊（投資人）的力量。」

　　這個投資人高度參與（high engagement）的模式也是活水使命之所繫，希望成為連結社會創業家（多為千

禧世代）與影響力投資人（多為嬰兒潮世代）供需兩端社群與世代之間的橋梁。藉由投資與陪跑，協助新創團隊度過艱難的草創期或起飛期，建立健康的公司體質、文化、組織、商業模式，以利籌募下一輪資金，增加成功的機率、成功的規模和整體的影響力。活水也樂於攜手國內外的夥伴組織（如台北搖籃計畫 AAMA、社企流、B 型企業協會、台灣影響力投資協會、亞洲社會投資網絡 AVPN 等），一起建構更健全的社會創新生態系，導引主流資本市場，共同提升社會福祉與維護環境永續，追求影響力如活水湧流的境界。

　　2023 年初，經過九年的演化，活水現有五個基金，聯合了上百位投資人或有限合夥人、投資 22 家新創公司，並以氣候科技（climate tech）、永續食農（sustainable agriculture）、健康生活（healthy lifestyle）及包容經濟（inclusive economy）為四大主題，致力於實踐全球影響力投資聯盟所定義之「有意為社會及環境造就正面的、可衡量的影響力，同時也創造利潤的投資」。

（三）左右兩難，平衡致遠

　　為避免前述的「……同時也……」成為投資決策時永遠的兩難，活水必須預先設定並持續校準總體資產配置的目標與個案投資評估的標準，以追求影響力與獲利

（purpose and profit）兩者的極大化，而非單純獲利的最大化。

　　活水將投資標的概分為三種類型，型一代表成長／獲利潛力較高且影響力廣、受眾較多（如微電能源），設定占總資產比重的 70% 左右；型三則是成長／獲利潛力有限但影響力深、受眾聚焦（如甘樂文創）；加上型二介於前兩型之間（如貝殼放大）共占 30% 左右。這樣的設計有助於篩選出合適的潛在投資標的。

　　未來隨著基金規模逐步擴大，考慮 SDGs 相關投資主題如環境科技等鏈結全球市場的脈動，以及投資標的必須跨出台灣走入世界或反之亦然的趨勢，活水的投資工具與資產配置勢必需要更加靈活與多元化，以滿足國內外更早期、科技導向的新創，抑或較晚期，但看重活水價值的老創，以及地方性包容經濟的項目等，對所需資金條件各自有不同的期待。

　　至於評估投資個案的標準，通常必須回答幾個基本問題，例如公司的影響力是否達到基本門檻且有成長的空間？核心團隊是否具備核心能力並有可塑性？營運模式與價值主張是否有差異化與獨特性？產品或服務是否有市場潛力並得到初步驗證？公司目前的發展在生命週期的哪一個階段？當然，更重要的是活水是否真的能幫得上忙？或因為活水的參與可以帶來什麼不同？

　　活水認為新創團隊既有影響力的大小或深廣，只是

投資評估時的基本門檻或保健因子，更看重投資後因
為活水所能產生的加乘或共振效果。因此，活水進行
實地查核時，不會立即將團隊的影響力予以貨幣化，
而是較為主觀地從 ABC 三個面向給予評量，包括創
業者的初心（aspiration to impact）、對內（benefits
of stakeholders）及對外的影響力（contributions to
solutions），希望協助新創團隊找出與影響力相關改善
的機會點及成長的潛力源。

（四）用投資陪跑影響力的社會實驗

　　「活水」代表天地萬物的根源，正如流動泉水般源
源不絕。英文名「B Current」，代表與時俱進，順應
潮流，擴大對社會和人類的影響力。B 可以是 Be，存
在或完成，或是 Benefit，以行動來利益社會和地球；
Current 是活水，集眾人力量匯成的活水源頭，也是潮
流，不停歇地演化和改變。

　　活水既是理想主義者，也是行動主義者，也許走得
不太快，但希望能夠走得更遠。一方面要小心翼翼，一
方面又必須勇敢向前；一方面要廣結善緣，另一方面又
要維持獨立人格；一方面要追求投資效益，一方面又要
擴大影響。

　　要能達成這些相互衝突的目標，活水還需要培養三
個特質：1. **永續學習**：活水內部、活水與投資標的、

活水與社創圈、活水與公部門之間的雙向學習；2. **開放共享**：資訊、機會、資源、經驗都可以透過分享而擴大價值，因爲透明而增加誠信；3. **價值共創**：活水之存在必須具有獨特價值，但此獨特價值必須透過群體共同創造，因而成事不必在我。

　　活水夢想有一天一流人才從事社會創新企業，不必領取二流薪水、社會企業經營者不必背負超荷的道德壓力、經營者與投資人充分信任且彼此提攜、社會創新生態系已然成熟而創業者不必獨闖韶關，並能以成功的社會企業經驗影響一般企業的行爲模式。活水也期待未來不再有社會創新企業或影響力投資這些名詞，因爲所有的企業都是社會創新企業，所有的投資都是影響力投資！

──┤ **思考小練習** ├────────────────────

1. 影響力投資如何衡量和管理產生的社會和環境影響？這個過程中可能面臨的挑戰和解決方法是什麼？
2. 影響力投資在具體的投資案例中有哪些成功的實踐經驗？這些案例中的關鍵因素是什麼？
3. 影響力投資如何能夠促進企業的可持續發展和社會責任？影響力投資和 ESG 投資、責任投資及傳統金融相比，有哪些不同之處？
4. 活水影響力投資面對最大的機會與挑戰是什麼？如何能

同時提供社會創新創業團隊兼具耐心、策略資源、志同
道合的資金來源？

延伸閱讀

- George Serafeim 著，廖月娟譯，目的與獲利：ESG 大師
  塞拉分的企業永續發展策略，天下文化。
- Judith Rodin and Margot Brandenburg, The Power of
  Impact Investing – Putting Markets to Work for Profit and
  Global Good, Wharton Digital Press.
- Sir Ronald Cohen 著，張嘉文譯，影響力革命：重塑資
  本主義，推動實質變革，特斯拉、聯合利華、IKEA 都
  積極投入，大牌出版。
- 吳道揆，影響力投資，2021 年，商周出版。
- 英國影響力投資協會的學習平台（https://www.
  impactinvest.org.uk/learning-hub/#knowledge）根據其
  學習架構（https://www.impactinvest.org.uk/wp-content/
  uploads/2020/12/Learning-Framework-November-2020.
  pdf）學習影響力投資的知識及技能，特別是 IMM（影
  響力衡量與管理）。

第八章

企業整合社會創新行動的
策略及影響力

黃正忠 *、侯家楷 **、邱瑾凡 ***

一、不永續趨勢下的資本主義轉型——利害關係人
　　資本主義

二、企業的積極性 ESG 實踐——社會創新行動

三、實踐社會創新的前提、策略與行動方程式

四、社會創新行動的非財務指標與揭露

* 　　KPMG 亞太區 ESG 負責人、安侯永續發展顧問股份有限公司董事總經理。

** 　KPMG 安侯永續發展顧問股份有限公司協理。

*** KPMG 安侯永續發展顧問股份有限公司顧問師。

摘要

過往商業模式僅追求「經濟」上的進步，然而隨著氣候變遷、新冠疫情、戰爭等風險的發生，在「覆巢之下無完卵」的情況下，如何透過社會創新實踐利害關係人資本主義，建立韌性（resilience）的社會，才能使人類社會永續共榮共存。本章將介紹在不永續的國際趨勢下，資本主義如何擁抱社會創新觀點轉型至利害關係人資本主義（Stakeholder Capitalism），並解構企業如何透過 KPMG 安候建業（以下簡稱 KPMG）的社會創新「關鍵前提」、「SELC 策略[1]」與「社會創新方程式」實踐社會創新（積極性 ESG）行動，將行動成果以非財務指標衡量並揭露，展現企業在邁向永續的時代如何與利害關係人建立長期夥伴關係、創造共享價值，並創造商業價值。

學習點

1. 理解在國際不永續趨勢下資本主義轉型的必要性
2. 理解企業 ESG 行動的消極面與積極面（社會創新）之差異
3. 理解實踐社會創新行動的前提、策略與社會創新方程式
4. 理解社會創新行動的影響力衡量與揭露的重要性

關鍵詞

企業社會責任（CSR）、ESG、社會創新創業、聯合國永續發展目標（SDGs）、利害關係人資本主義、非財務指標、社會影響力

---

1 「SELC 策略」為 KPMG 提出之積極性 ESG 策略構面，包含社會（Social）、環境（Environmental）、地方（Local）、文化（Cultural）等。

一、不永續趨勢下的資本主義轉型——利害關係人資本主義

　　過往商業模式僅追求「經濟」上的進步，然而覆巢之下無完卵，建立能夠達成三重盈餘（Triple Bottom Line）及「韌性」的社會有其必要性，有三重盈餘才能使社會、環境與經濟共好，有韌性才能禁得起接踵而至不永續風險的挑戰。企業在此前提下必須正視利害關係人的權益，透過社會創新實踐利害關係人資本主義。

（一）因災難看到利害關係人

　　經濟能夠帶來社會發展，但是也會造成生態的破壞。過去慣以著重於短期財務績效、忽略長期價值的股東至上資本主義，在這一波轉型聲浪中被視為是加劇全球環境破壞、貧富不均等的關鍵因素之一。過往的企業經營績效檢視，以短期透過降低財務成本來提高利潤，成長的商業模式僅追求「經濟」上的成長；至於商業模式所牽涉到的環境與社會衝擊，則被視為外部成本，而財務報表上並不會顯示這些外部成本，因此，當企業被要求環境、社會的外部成本內部化時，便會被視為是妨礙成長。

　　現今全球的極端氣候、傳染病、戰爭、地緣政治動

盪等災難，直接或間接讓人類經歷環境與社會反撲帶來的風暴，並讓我們發現，原來周遭有這麼多和我們息息相關的利害關係人，大家其實唇齒相依。如新冠疫情期間，唯有大家都戴口罩，利他才能利己；大家都減碳，能利他才能救己，「三重盈餘」就是要利他。在過去的商業模式，企業大都只看到自己與股東的權益，而在「三重盈餘」的前提下，企業必須正視利害關係人，建立員工的信任與向心力、維持與消費者的長期關係、與供應商的互利互好、商品原料來源社區與環境生態的保護等，如何在商業模式中扮演更重要的角色，將會攸關企業的發展前景。

當今不永續的風險是多元的，其實聯合國 17 個永續發展目標就是沒有明天的 17 個大麻煩，即使人類挺過新冠疫情與氣候變遷，仍有諸多隨時會造成大幅衝擊的風險，因此，建立「韌性」的社會有其必要性，有韌性才有機會持續下去，利害關係人間能夠群策群力、互信互助與創造更具建設性的合作，是各界必須共同認知的關鍵。

（二）資本主義的未來：利害關係人資本主義

經濟發展是推動社會發展的根本基礎，但除了股東至上的資本主義外，我們還能有其他選擇。世界經濟論壇（World Economic Forum, WEF）創辦人施瓦布

（Klaus Schwab）於 2021 年出版《利害關係人資本主義：對進步、人與地球好的全球經濟模式》（*Stakeholder Capitalism: A Global Economy that Works for Progress, People and Planet*），推出嶄新的概念，利害關係人資本主義強調人們與地球的總體福祉，在利害關係人相互關聯與交互作用下，將確保隨著時間的推移，取得更和諧的結果。利害關係人資本主義係以「地球」、「人類」為核心的經濟運作模式，並以四大利害關係人與其目標扮演重要角色，分別是：國家與政府、公民社會、企業、國際社會，而各自的目標分別為繁榮與公平、使命、利潤與價值、和平。

利害關係人資本主義為企業以「為利害關係人創造長期價值」為其使命，所有利害關係人不只股東，也包含員工、消費者、供應商、社區與環境等。此外，價值的定義不只在於短期的財務績效，更在於長期的共生共榮，資本主義的轉型將使企業追求從股東利潤最大化與成本極小化，朝向利害關係人正面衝擊最大化。簡言之，企業能夠將環境、社會議題納入其發展策略中，甚至視為使命的一環，即是實踐「利害關係人資本主義」，並打造兼顧社會、環境與經濟三重盈餘的商業模式。

表 8-1　股東至上與利害關係人資本主義比較表

資本主義類型	股東至上資本主義	利害關係人資本主義
關鍵利害關係人	企業股東	所有利害關係人皆平等重要
關鍵特徵	企業的社會責任即是創造利潤	社會的目標是要創造人類與地球的福祉
對企業的意涵	短期利潤最大化作為最高要求	專注於長期價值創造和 ESG 的衡量
倡議者	Milton Friedman 股東理論（1970）	Klaus Schwab (1971)《達沃斯宣言》（*Davos Manifesto*, 1973）

資料來源：世界經濟論壇（WEF）。

（三）採社會創新為利害關係人資本主義之實踐策略

　　面對接踵而至的環境與社會議題，若企業只是將其視為慈善公益的延伸，絕對做不到位，更無法善用商業模式的本質創造環境、社會的總體價值。要實踐利害關係人資本主義，筆者相信必須運用社會創新作為一種實踐策略。策略大師麥可波特（Michael E. Porter）所提出的創造共享價值（creating shared value）正呼應了這個社會創新觀點，波特認為價值是指相對於成本獲得了多少效益，而「共享價值」是奠基在社會與經濟能夠共同進步上，擴大環境、社會、經濟的總體價值，因此企業能以經濟行為、商業模式促進利害關係人跨域合作，並從合作過程中創造既能夠獲利也能夠達成公共利益的

效果。社會創新從使命（purpose）出發，奠基於科學、科技、服務模式、多元利害關係人緊密合作等創新手法的運用，轉化環境與社會議題所帶來的全球風險，成為創造三重盈餘的商業模式。此舉能藉由多元利害關係人的合作，在創造共享價值的過程中，企業透過「永續產品／服務研發」、「策略性 ESG 及衝擊投資」、「永續供應鏈採購」等具體實務，不僅成為永續解方的提供者，更能獲得各界信任，成為永續藍海中具有差異化的領航標竿。

二、企業的積極性 ESG 實踐——社會創新行動

在過去短短的三到五年之間，全世界每個人見證了新冠疫情、俄烏戰爭、野火、洪災、地震等環境與社會風險帶來的衝擊，世界不可持續的災難就在眼下發生。然羅馬非一天造成，過去 30 年諸多警訊再明確不過，人們選擇近利卻刻意漠視遠憂。1990 年，全球環境危機浮現；2000 年社會危機浮現；2010 年金融海嘯引發的經濟危機席捲全球；結果，就在人類有限甚或抗拒變革下，2020 年直接讓人們見證新冠肺炎癱瘓世界的威力。環境、社會、經濟警鐘狂響，人們卻依然故我，似乎只剩「滅亡」一途，才能讓大家覺醒。

(一) 疫情背後不可持續的世界

從世界銀行（World Bank）分析數據顯示，因為脫貧的努力，全世界每日消費不起 1.9 美元的極度貧困人口，2015 年到 2018 年間從 10.1% 降到 8.6%，而在新冠疫情後，2020 年極度貧困率卻反增至 9.2%，是 1990 年以來最大的增幅。2022 年預測貧困人數將比疫情前增加 7,500 萬人，而隨著俄烏戰爭的發生、食品價格上漲，此一數字預測擴大到 9,500 萬人，導致世界更難實現 2030 年消除貧窮的目標。聯合國經濟及社會理事會（UN DESA）在新冠疫情爆發後，以聯合國 17 項永續發展目標進行世界永續發展各項衝擊檢視，因公共衛生議題所引發全球性經濟活動停滯，對各項永續發展目標的衝擊非常明顯，隨之而來就是國際間與社會中「不平等」的事實加劇，差距持續快速擴大，且短時間內更難進行修復。

人們應該看懂世界不可持續的關鍵訊號，像是物種滅絕、不可預期卻會大肆傳染的疾病、氣候變遷，甚或地緣政治與金融危機，都已經互相攪和扣連成無差別的風險，骨牌效應帶來更大的生存危機，使不可能都變成了可能。生態環境可活，人類就可活；低度發展中國家與貧困人口可活，已開發國家與富裕人口便可活；勞動人權與社會福祉被保障，國家機器與企業營運才得以持續。

　　過去的線性經濟、股東權益至上、只管成就自己不管他人死活的心態，如果不改變，大家終究死路一條。窮則必須變，變則必須通，才有活路。面對充滿變動、不確定、複合性風險、反覆無常的新現實（New Reality），企業界正試圖展開「重新調適」的反應過程，其必須肩負領頭羊角色，將環境與社會外部性納入創新的策略藍圖與落實手段，創造能夠力挽狂瀾的解方，才有機會逆轉不永續的趨勢。因此，眼前再厲害的企業都必須回答一個問題：「自己是世界可持續發展的賦能者？還是不永續的加害者？」

（二）社會創新是企業的積極性 ESG 實踐

　　過往，企業對企業社會責任（Corporate Social Responsibility, CSR）的想像多半是以公益投入、維繫品牌形象為主軸；直至近年，因著金融海嘯、新冠疫情、氣候緊急事件等全球性議題造成過大的經濟損失與存亡危機後，資本市場方興起了將 CSR 轉變為 ESG（環境、社會、治理）運動，而 ESG 顧名思義就是要確保企業在商業運轉之際，必須能夠透過企業策略與組織變革，以及強化創新與透明化揭露等管理作為，彰顯企業界因應外在永續風險的治理與回應能力，來避免商業對環境、社會帶來更多的負面衝擊，甚至是透過顛覆性產品與技術創造能力挽狂瀾的正面衝擊。

　　然而，即使資本市場面對 ESG 運動趨之若鶩，企業在 ESG 實踐上仍可分爲「消極性轉型」與「積極性創新」兩種：前者秉持著「避險」的目標，僅單純透過購買綠電、發布永續報告書等單點式作爲，避免自身的商業行爲沾染不永續的標籤、成爲消費者的眼中釘；而後者則期待以「解方提供者」之姿，自產業切身相關的重大性議題出發，因應議題開創嶄新的產品或服務設計，甚至是顛覆既有的商業轉型。

　　國際上針對「積極性創新」的 ESG 實踐稱之爲社會創新策略（Social Innovation）。加拿大 KPMG 曾指出「社會創新」是從根本翻轉社會既有運作模式以追求公平與韌性的行動、產品或服務變革，而企業採取的社會創新策略更進一步聚焦翻轉其商業運作模式來達成社會、環境與經濟價值三贏的局面。

（三）企業的消極性／積極性 ESG 行動影響力：以製造業為例

　　以消極性轉型的 ESG 行動而言，公司長期以短期的成本、商業上獲利爲唯一考量，並不特別在乎原料來源的選擇、工人的權益保障或製造後的廢棄物如何衝擊社會與環境等，只要能賣個好價錢，一切都好談。然而，受限於國際供應鏈客戶開始嚴格要求過去未曾想過的 ESG 規範，公司被迫焦頭爛額地開始尋找碳排放、

用水量或廢棄物等相關認證並製作成報告，以零散、單點式的營運層面行動滿足客戶一個接著一個拋出的要求，可說是措手不及與頭痛醫頭腳痛醫腳；即便如此，公司內縱使有關於積極性實踐的討論，仍常在面對短期財務績效下宣告胎死腹中。

反面是企業的積極性創新 ESG 行動，公司內早早意識到環境與社會風險逐漸浮現、客戶與消費者也逐漸開始重視永續議題的此刻，若想要保持領導地位，長期的投資以及全面性的轉型勢在必行。因此，公司自整體營運策略開始調整，從產業的重大性議題、本業價值鏈出發，將環境、社會議題作為研發標的，同時攜手外部新創組織合作、內部員工共同參與。不僅採購上選擇同時兼顧弱勢就業與循環再生的原料，製造過程中也逐步改用環境友善的綠電，出貨配送則使用可重複使用的包裝箱代替一次性紙箱。推動創新的策略布局固然需投入溝通與時間成本，但公司卻也因此得以在這波方興未艾的 ESG 浪潮中吸引新舊客戶買單、對內對外議和上也獲得各方利害關係人支持。

三、實踐社會創新的前提、策略與行動 方程式

（一）積極性 ESG 的關鍵前提與策略

企業在實踐積極性 ESG 時，應先從一個「關鍵前提」出發，即是企業必須將目光聚焦在自身產業的永續議題之中。

相較於傳統以市場、消費者作為導師，探索市場進入的策略前提，積極性 ESG 將焦點轉移到盤點產業的重大永續議題上。這裡隱含著兩種意義，第一個是永續議題包山包海，企業資源有限無法一網打盡；第二個是從市場、消費者的觀點，不見得能有效尋得 ESG 創新機會。就如汽車發明者福特（Henry Ford）的名言：「如果當初我去問顧客到底想要什麼，他們會回答說要跑得更快的馬。」為此，企業家必須從永續議題當中挖掘跟本業有密切重大關聯性的議題，從中來思考自己的創新機會。基本上，我們鼓勵企業從價值鏈當中對永續發展產生阻礙的議題作為思考方向，例如：電子製造業者為減緩貴重金屬稀缺造成的壓力，開始布建逆物流的回收體系；量販業者為避免淘汰醜蔬果進而造成的食物浪費，遂打造醜蔬果的加工品等，這些行動即展現了積極性 ESG 的策略前提：「聚焦於本業的重大永續議題」。

確立了本業永續重大議題，接下來的重點就在於

可以採取什麼樣的策略擘劃創新行動。為此 KPMG 提出了社會（Social）、環境（Environmental）、地方（Local）、文化（Cultural）四種策略（如圖 8-1），以協助企業快速布局積極性 ESG 行動：

1. 社會導向主要關注與人群相關的議題，目標是透過挑戰、撼動體制，攜手社會上不同利害關係人打造多贏的共好價值。例如法國家樂福支持一群消費者共同發起 C'est qui le Patron?!（誰是老闆？！，簡稱 CQLP）的合作社進行跨界合作，由「真正的老闆們」投票決定兼顧社會與環境價值的理想產品。以第一款牛奶產品為例，共 6,823 位消費者參與產品與成本結

圖 8-1　積極性 ESG 的四種策略

資料來源：KPMG 社會企業服務團隊。

構設計：最終末端售價 0.99 歐元的牛奶，其中酪農可以獲得 0.39 歐元的收益，高於市場均值的 18%。這樣的品牌不僅在兩年內一舉拿下法國半脫脂牛奶約 3% 的市占率，目前更已透過相同模式推出 32 種永續產品，拓展至美國、英國、荷蘭、摩洛哥、義大利、希臘、西班牙、比利時、德國等九個國家。

2. 環境導向以氣候變遷、環境破壞等爲主要關注對象，期待以創新的方式串聯科技之力爲地球找到解方。例如芬蘭國營石油公司 Neste 開發專利技術，將世界各地蒐購來的廢棄動物與魚類脂肪（如棄置的內臟及殘肢）和非糧食型植物油轉化成高獲利的再生柴油產品，且其生質油可減少溫室氣體排放九成以上，成功搶占這片新市場的利基，也讓 Neste 的股價在世界石油股中大放異彩。

3. 地方導向聚焦地方發展，依循當地獨有的產業、地景、人文脈絡尋求增強地方三重盈餘與韌性的創生契機。例如洗沐品牌茶籽堂因 2013 年、2014 年間頻傳的劣質油品事件，決心開啓台灣原生苦茶樹的復育之路，以提供消費者天然純粹的在地產品。如今，茶籽堂不僅在供應鏈上與農民契作 30 公頃原生苦茶樹、產品 100% 使用在地苦茶油，更深入產地宜蘭縣朝陽社區推展復興計畫，透過協助設計地方特色品牌、活化老舊建築爲在地農產小賣所與餐廳、授課帶動居民

創新參與等，逐漸爲這個曾經衰老的產業、農村注入
嶄新的活水與動能。

4. 文化導向目標將有形或無形的文化資產進行保存、維
護以及宣揚，使不同族群、世代之間可以在文化轉譯
的過程中形成歸屬感以及商業價值。例如源順工業以
外銷歐洲的裝飾燈具出發，近年延伸至建物的修復與
活化，推出新品牌「大和」翻轉老舊碾米廠爲大和頓
物所咖啡廳、賦予日治時期的大和旅社新生命等加入
建築美學設計打造的獨特歷史空間，期待讓每一個來
訪的人重新認識屏東的文化意義與內涵。接下來，這
樣重新訴說建物生命故事的專業也預計將複製至新竹
等地，帶著大眾以不同的角度重新體驗文化。

　　無論企業選擇 SELC 中的何種策略，實踐創新 ESG
的核心精神皆環繞「自本業重大永續議題出發」的關鍵
前提，以及「連結多方利害關係人、發展創新模式解決
問題」的實際行動。掌握這樣的關鍵準則，方能避免
ESG 淪爲口號，實際成爲企業搶占永續商機的照明燈。

　　實踐積極性 ESG 不僅是強調外部成本的內部化，
更企圖將永續議題化爲商業成長動能，也就是自永續議
題當中尋找翻轉產品、服務設計的策略。但是，企業要
如何辨別風向、擘劃策略，進而採取實際行動是一大難
題。本節希望協助讀者領略企業實踐積極性 ESG 時，

是如何從「關鍵前提」出發，並以「四種策略」開創顛覆性的改變。

（二）KPMG 企業社會創新方程式

在「關鍵前提」及「四種策略」之後，本節要來具體介紹的是在行動層次上的「KPMG 企業社會創新方程式」（圖 8-2），這個方程式歸納出企業實踐社會創新的四種「合作驅動力」，以及可與多元利害關係人合作的八種合作方式。四種企業的合作驅動力包含「改變企業形象」、「提升營運效能」、「進入新市場」、「創造共享價值」，而這也是從公益慈善成分為重到攜手轉化風險為共享價值的四個合作驅動層次。

首先，在改變企業形象的合作驅動下，企業多透過

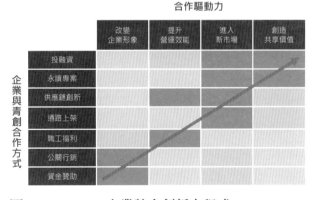

圖 8-2　KPMG 企業社會創新方程式

資料來源：KPMG 社會企業服務團隊。

資金贊助、公關行銷活動等方式來開始嘗試性的社會創新合作，這時的使命仍涵蓋較高的「公益慈善」成分，例如邀請理念相符的社會創新組織參與市集擺攤；第二為企業意識到社會創新的實踐有助於提升營運效能，無論是職工福利、通路或供應鏈等都能創造更長期的價值，例如企業導入遠距心理健康的資源平台，協助員工可以更簡易地、降低門檻地對接到全台的專業心理諮商師協助，有助於提升員工心理健康。

第三，企業可透過與社會創新組織合作，以進入新市場，較為常見的合作方式如餐廳以供應鏈採購具環境友善意涵的原料，以拓展重視食安議題的消費客群；最終，在創造共享價值的合作驅動力上，企業更以夥伴關係來看待多元利害關係人，透過各方所具備的核心能力、資源、網絡等優勢，藉以開拓能創造一加一大於二正面衝擊力的合作模式，像是客製化的永續專案、培育與技術支援、投融資等，例如企業與專精於廢棄物改造的組織合作，將企業的廢棄物重新賦予生命，甚至開發為新產品重新回到企業販售，在創造共享價值上，可以看到企業從長期性角度創造出不同於既有的商業模式，讓社會創新夥伴關係成為開發新商機的途徑。

KPMG 不僅應用這個方程式來協助客戶進行社會創新行動的擬定，同時也為自身的社會創新行動進行規劃。在 2021 年 KPMG 與社會創新組織陽光伏特家及綠

能公益發展協會攜手聯名合作，共同創造社會影響力的社會創新行動，將啓動募集事務所及同仁的捐款，用於建置 98 片的太陽能電板，後續太陽能板採取躉售方式售予台電，產生的綠電收益用於回饋眞善美社會福利基金會，幫助憨兒技能培訓及生活訓練，此太陽能電廠在未來 20 年的減碳總量預估可達到 580,411 公斤（相當於 2,650 棵樹木）[2]。除此之外，KPMG 也正與陽光伏特家售電業採購綠電，藉以逐步實踐自身的百分百綠電目標。在此方案設計中，KPMG 就以共創價值爲目標，先是以全所同仁的公益行動募集資源，更因應全球淨零的趨勢下向陽光伏特家採購綠電，形成橫跨企業、非營利組織、社福機構與社創組織的社會創新行動。

四、社會創新行動的非財務指標與揭露

　　隨著政府、投資人、客戶看重的不再只有股東權益至上，衡量企業價值不能只看財務績效，而必須將非財務績效同時列入考量，其中，非財務績效即爲企業在環境、社會、治理等面向的具體作爲與成果。

2　此太陽能電廠中，包含 KPMG 事務所同仁捐款募資之 98 片太陽能板，以及 60 片以公民電廠形式，由 CSR ＠天下號召員工、客戶共同參與之太陽能板，共計 158 片太陽能板所預估之效益。

（一）常見的 ESG 非財務指標框架

在 1990 年代初期，企業多數仍針對環境議題提出相對應的揭露報告，而 1997 年從利害關係人角度推動永續發展資訊揭露倡議的全球永續性報告協會（Global Reporting Initiative，簡稱 GRI）於波士頓成立，成為一獨立國際組織，後搬遷至荷蘭阿姆斯特丹，並於 2000 年發布首版的 GRI 報告指南，其指南將非財務（或稱永續性）資訊揭露的範圍逐漸擴大至涵蓋環境、社會與經濟三個面向。

除了前述從多元利害關係人角度出發的 GRI 準則，後續也有不少機構投入開發 ESG 揭露框架與指南，包括針對特定主題所設計的揭露框架：

1. 碳揭露專案（Carbon Disclosure Project, CDP）在 2000 年由機構投資人成立於倫敦，主要推動從氣候治理、氣候風險與機會、氣候策略、減碳目標與績效等揭露框架，及企業碳揭露的評等，而後 CDP 在 2007 年推動成立了一個氣候揭露準則委員會（Climate Disclosure Standards Board, CDSB）。

2. 氣候相關財務揭露（Taskforce on Climate-related Financial Disclosures, TCFD）工作小組成立於 2015 年，目的為發展一套有助金融機構決策更有效的氣候相關財務揭露框架，也能使利害關係人對於金融資產

因氣候變遷的曝險程度更加了解。

3. 自然風險財務揭露（Taskforce on Nature-related Financial Disclosures, TNFD）成立於 2020 年，並預計在 2023 年推出揭露框架，這套框架為企業與金融機構鑑別自然生態影響的風險上建立標準，及早預估資金在極有可能產生負面衝擊時，進行轉移資金或導向正面影響力，避免損失與破壞生物多樣性的活動。

4. 不平等相關財務揭露（Taskforce on Inequality-related Financial Disclosures, TIFD）成立於 2021 年，預計於 2024 年發布測試版揭露框架並開始試行，主張不平等現象應被視為一種市場的系統性風險，透過該揭露框架之建立，將幫助企業、投資人、監管機構、政策制定者和其他市場參與者識別企業級風險、系統性風險及人權風險，為公司和投資人提供指導、目標和指標，以衡量和管理對不平等所帶來的衝擊，以及不平等對企業和投資績效的影響。

除了上述特定主題所設計的框架外，亦有從投資人立場出發並提出相關資訊揭露框架的機構，包括：

1. 永續會計準則委員會（Sustainability Accounting Standards Board, SASB）成立於 2011 年，目的為制定並推廣永續會計標準，透過制定各產業受關注的重大性議題，協助企業於 ESG 揭露內容上，能針對投資人最關注、重大之議題進行揭露。SASB 審視的

ESG 重大性係從五大面向來看，包括 E 的環境保護、S 的社會資本與人力資本、G 的商業創新及領導與治理。

2. 國際整合報告協會（International Integrated Reporting Council, IIRC）成立於 2010 年，目的為發展一套整合目前報告措施的框架，展現公司策略及財務績效與 ESG 的連結，幫助企業採取更多永續的決策，也有助投資人及其他利害關係人更了解企業的營運績效和長期投資價值。

3. 國際永續準則委員會（International Sustainability Standards Board, ISSB）成立於 2021 年，由國際財務報導準則基金會（IFRS）於聯合國氣候峰會 COP 26 宣布成立，主要制定一套適用全球性的資訊揭露標準為目的，讓永續資訊揭露能全球統一對接現行財務資訊的架構，在此架構下所產出兩份報告：IFRS S1 一般揭露架構、IFRS S2 氣候資訊揭露，不僅能夠符合國際永續趨勢、企業現況，以及回應利害關係人期待，更是考驗企業永續轉型的深度。

　　前述的 SASB 及 IIRC 已於 2021 年 6 月正式宣布合併成價值報導基金會（Value Reporting Foundation, VRF），並於 2022 年整合進 ISSB 持續發展特定主題與產業的揭露標準，有機會與 IFRS 會計準則相容成為未來金融監理單位的參考標準。

　　從 SASB 的揭露框架、IIRC 的整合性報告架構到 ISSB 的成立，我們可以清楚看見資本市場已開始意識到 ESG 資訊揭露的重要性，及其可能對組織營運狀況所帶來的衝擊。因此，未來財務與非財務資訊的揭露與整合將是不可避免的新趨勢。

（二）社會創新行動的成果量化與透明揭露

　　在利害關係人資本主義下，企業轉而追求利害關係人的長期價值，不同於以往注重短期財務績效、以股東為主要目標的傳統損益表，也將不足以作為企業經營成果的唯一展現方式。多年來國內外已有許多企業投入於 ESG 表現的評估與揭露，但缺乏能跨產業、跨地域性討論的普遍性標準。2020 年由超過 140 個企業領袖組成的 WEF 國際商業理事會（WEF IBC）邀請四大會計師事務所共同研擬與發布可衡量利害關係人資本主義的指標「WEF IBC metrics」，其以 ESG 績效為指標、對應在 SDGs 上能夠帶來的可衡量效果，以作為與利害關係人揭露的長期價值，也是展現企業永續表現的非財務價值揭露。

　　WEF IBC metrics 以 SDGs 為基礎分為四大類別：治理準則（principles of governance）、地球（planet）、人（people）、繁榮（prosperity），各類別共涵蓋 21 個核心、34 個延伸的指標與揭露，指標來自於既有的

評估標準，如 GRI 準則、碳揭露專案等，其中核心指標用於短期追蹤的重要量化成果，而延伸指標則是較難以追蹤或尚缺乏完整成立的指標，其代表能創造改變的長期成果，與正面衝擊更為關聯。WEF IBC metrics 摘要列表見圖 8-3。

類別	摘要	SDG 項目	主要說明
治理原則 Principles of Governance	企業的使命、治理與責任。此項目對應到的SDGs指標包含企業如何制定使命、負責任治理與管理風險。		• 治理目的 • 治理單位品質 • 利害關係人議合 • 合乎道德的行為 • 風險與機會的監管
地球 Planet	企業保護地球以滿足當代與下一代需求的角色。此項目對應到的SDGs指標包含溫室氣體排放、氣候相關財務揭露、土地保護等。		• 氣候變遷　• 資源的可取得性 • 自然損耗　• 潔淨水資源可取得性 • 空氣汙染 • 水汙染 • 固體廢棄物
人 People	企業對其關聯的人們責任包含創造多元、安全、共容的工作環境。此項目對應到的SDGs指標包含多元與共容、薪酬平等、安全、培訓、人權等。		• 尊嚴與平等 • 健康與福祉 • 未來所需的技能
繁榮 Prosperity	企業促進所關聯社區的經濟、科技、社會進步的角色。此項目對應到的SDGs指標包括就業率、稅賦、研究與發展支出。		• 就業與財富創造 • 創新的產品與服務 • 社區的社會活力

圖 8-3　WEF IBC metrics 指標四大類別

資料來源：整理自 KPMG, "Measuring Stakeholder Capitalism WEF IBC common metrics-Implementation guide for sustainable value creation," (2021)。

（三）謀大利時代的新機會

　　全球化的世界、交互影響的環境、社會、經濟，追求短期財務績效的商業模式不再能永續經營，以股東至上的資本主義正在邁向利害關係人資本主義，企業需要重新檢視如何看待股東以外的利害關係人：發展的阻撓抑或創造機會的夥伴。企業經營目標從短期成果到長期的價值創造上，以社會創新作為實踐策略，能夠幫助企業與多元利害關係人共享價值，企業面對環境與社會不再只能是破壞者或慈善家，而可以是夥伴關係，攜手邁向共榮的前景，創造能顛覆危機的改變。企業成果的展現也不應侷限於傳統損益表，可具體衡量、透明揭露的永續價值表將成為與利害關係人溝通的新媒介。「大利」時代來臨，與利害關係人建立長期關係、創造共享價值，將能在資本主義轉型中為企業找到新商機。

──── 思考小練習 ────────────────────

1. 挑選任何一企業進行辨識永續議題的練習，並盤點出 10 個該產業最需要關注的永續議題。

2. 運用「SELC 策略」檢視這 10 個永續議題有沒有任何的社會創新行動機會？

3. 在前述所思考的社會創新行動機會裡，試著自網站 —— 社會創新平台中的社會創新組織登錄資料庫中檢視有沒有類似的組織，並且思考潛在與該企業展開合作，而這個合作又可能是在「社會創新方程式」的哪一個區塊？

延伸閱讀

- 一張保單，除了可以保障你我之外，是否有更多的可能？保險業的社會創新大哉問，https://kpmg.com/tw/zh/home/insights/2018/08/tw-kpmg-insurance-social-innovation.html。
- 三個金融業的社會創新趨勢，https://kpmg.com/tw/zh/home/insights/2022/06/three-new-trends-of-social-innovation-in-financial-industry.html。
- 不耗能、不排碳、不排污水，金融業的社會創新挑戰？https://kpmg.com/tw/zh/home/insights/2018/05/tw-bank-social-innovation-challenge.html。
- 更綠成主流，暖不暖是關鍵！談科技業的社會創新契機，https://kpmg.com/tw/zh/home/insights/2018/08/tw-news-kpmg-green-technology-201808.html。
- 表明安全無虞，消費者就會放心嗎？食品業的社會創新策略，https://kpmg.com/tw/zh/home/insights/2018/07/tw-kpmg-food-industry-social-innovation-strategy.html。
- 俗夠大碗已經不夠，談零售業者的社會創新契機，https://kpmg.com/tw/zh/home/insights/2022/06/retail-and-social-innovation.html。
- 紡織業的社會創新挑戰：剩衣的下一個循環，https://kpmg.com/tw/zh/home/insights/2022/06/textile-industry-and-social-innovation.html。
- 蓋得高不如蓋得綠：談營造業的社創挑戰，https://

kpmg.com/tw/zh/home/insights/2022/06/construction-industry-and-social-innovation.html。

- 價格戰之外,電信業者的社創挑戰與機會在哪?https://kpmg.com/tw/zh/home/insights/2018/06/tw-kpmg-2018-telecom-challenge-opportunity.html。

第九章

非營利組織的社會創新實踐──
以台北市婦女新知協會為例 *

蔣念祖 **

一、前言

二、企業社會責任的涵義和演進

三、社會企業的意涵與社會創新

四、企業社會責任報告書強化與社會企業合作的契機

五、台北市婦女新知協會之所屬新知工坊的由來與
　　社會創新

六、結論

---

* 本文自企業社會責任與社會企業的結合──以台北市婦女新知協會為例，
國會季刊，第 49 卷第 4 期，2021 年 12 月，頁 29-52，一文修改而成。

** 國立東華大學財務金融系助理教授、社團法人台北市婦女新知協會榮譽理
事長。其他職務及經歷：政治大學法學院、台北商業大學財稅系、輔仁大
學學士後法律學系兼任助理教授、台北市婦女新知協會理事長、台北市性
別平等委員會委員、內政部犯罪防治中心委員。

摘要

企業社會責任（CSR）的概念，源於 19 世紀工業革命發展興盛後所引發的一種反省，隨著全球永續性報告協會（GRI）於 2016 年 10 月 19 日發布之永續性報告指南（Sustainability Reporting Guidlines），加上新冠肺炎 COVID-19 疫情影響，永續發展議題讓公司治理產生巨大變化，思索著企業社會責任目標如何更朝向 ESG（環境、社會和治理）的手段兼容並蓄。甚至企業必須思索如何結合社會創新組織，實踐 ESG 共創新商機。而社團法人台北婦女新知協會之新知工坊，以社會企業經營模式創造中高齡婦女之就業機會，並以訂單代替捐款模式與企業合作商品製作，由企業提供通路、原物料，以及回收丹寧布降低原物料取得成本及達到環境永續，擴大中年失業或轉業婦女的培力能量，持續提供專業裁縫訓練及舊衣永續利用服務，希望匯聚更多民間企業、公私協力的服務方案，逐步朝向環境、經濟、社會三者永續兼顧，並以女性自立的社會創新模式。惟目前我國雖大力推動社會創新政策，然而相關專法，至今仍未有具體方案，使得社會企業或社會創新組織無明確的法律位格，相關業務推展、行銷及人才培育之經費，某程度在經營過程中仍遭遇相當之困難及限制，故為符合社會企業永續發展需要，懇切期待相關專法的立法通過，以給予更好的發展空間。

學習點

1. 了解企業社會責任涵義和演進，以及 OECD 公司治理六項原則和 2030 年聯合國永續發展目標 SDGs
2. 了解社會企業的意涵與社會創新，以及企業社會責任報告書（CSR Report）強化與社會企業合作的契機
3. 了解非營利組織型態下的社會企業運作及創業模式，如何善用 CSR、ESG 與社會創新的概念

關鍵詞

企業社會責任（CSR）、社會企業、社會創新、台北市婦女新知協會、新知工坊

一、前言

　　隨著全球永續性報告協會（Global Reporting Initiative, GRI）於 2016 年 10 月 19 日發布之永續性報告指南（Sustainability Reporting Guidelines），加上新冠肺炎 COVID-19 疫情影響，永續發展議題讓公司治理產生巨大變化，思索著企業社會責任（Corporate Social Responsibility, CSR）目標如何更朝向 ESG──分別是環境（environment）、社會（social）和治理（governance）等手段的兼容並蓄。甚至企業必須思索如何結合社會創新組織，實踐 ESG 共創新商機。因為社會創新的策略觀點，強化了 ESG「不要犯錯就好」的基礎，它更積極的目標是將環境、社會風險納入商業機會的辨識、產品服務的設計，塑造別於以往的商業行動[1]。所以企業社會責任與社會企業的結合，當今已是不可逆的趨勢。

---

[1]　社會創新平台，https://si.taiwan.gov.tw/Home/csr/ro/1，最後瀏覽日期：2021 年 5 月 14 日。

二、企業社會責任的涵義和演進

（一）何謂企業社會責任

公司治理的基本問題是：公司為誰而治理？為何而治理？公司經營者應奉行股東利益優先（shareholder primacy）的規則，為謀取股東最大利益而經營？或這必須在法令義務之外，以公司資源照顧員工、消費者等利害關係人及客戶、社區之社會整體的利益，以善盡企業社會責任[2]？

事實上，企業社會責任的概念，源於 19 世紀工業革命發展興盛後所引發的一種反省，尤其是 1980 年代以來，經濟全球化發展和跨國企業不斷對外擴張，造成勞資問題、勞工權益保障逐步成為全球性關注的社會問題，企業應該負起什麼樣的社會責任，成為公司治理的探討焦點。在這個背景下，企業社會責任運動從歐美先進國家發起，逐漸演變成一股世界潮流[3]。

在過去，學術界、業界及司法判決一直在爭論公司成立的唯一目的是否是為了股東利益最大化，有所謂的

2　賴英照，最新證券交易法解析，賴英照出版，四版，2020 年 4 月，頁 141。

3　林珮萱，搞懂 CSR 關鍵 20 問一次解答──從釐清概念到提供落實策略〉，遠見，2017 年 8 月 18 日，https://www.gvm.com.tw/article/39488，最後瀏覽日期：2021 年 5 月 14 日。

股東優先論及企業社會責任論的分歧[4]。現在看來，社會責任顯然已經成爲制定公司目標中的地位。社會責任和營利能力可以並存爲公司目標。企業社會責任運動近來所訴求的已不只是公司營運對環境、社會和治理（ESG）的影響。更進一步認爲 ESG 反映了一種通過提供指標來衡量社會影響的方法。隨著它的日益普及，ESG 支持者正在開發一種可提供衡量企業社會責任成就的方法的指標[5]。

全球化和跨國企業的增長伴隨著愈來愈多的呼籲，要求企業揭露其對環境和社會的影響，以及對更大的非財務風險的公司披露和提高透明度。同時，政府愈來愈多地將強制性義務用於以前的自願性企業社會責任參與，我們將這種趨勢稱爲企業社會責任合法化[6]。

企業社會責任的規範性倫理定義也可以在國際自願性公司社會責任守則中找到，包括聯合國全球契約（Global Compact）。聯合國全球契約還爲公司提供了

---

4 賴英照，同註 2。

5 Thomas Lee Hazena1, Corporate and Securities Law Impact on Social Responsibility and Corporate Purpose, *Boston College Law Review*, March 2021, Article, p. 1.

6 Gerlinde Berger-Wallisera1 Inara Scottaa1, Redefining Corporate Social Responsibility in An ERA of Globallization and Regulatory Hardening, *American Business Law Journal*, Spring, 2018, p. 1.

10 項原則，以對社會負責的方式指導其商業活動，作為消除貧困同時保護環境的一系列可持續發展目標，包括保護人權、消除歧視和促進更大的環境責任倡議，全球契約係基於企業對人類和地球的基本責任。相對於經合組織跨國企業準則（OECD 準則）則規定跨國企業應考慮其他利害關係人（stakeholders）對經濟、環境和社會進步的權益，以實現可持續發展[7]。

近年來，企業社會責任概念逐漸發展成熟，許多國際性官方組織及地區性非營利組織努力在開發中國家推廣及宣導企業社會責任的觀念和原則，希望不僅僅是已開發國家應該做到，開發中國家也應思考，如何將企業社會責任的要求提升為跨國企業及本土企業的經營理念與根本價值[8]。

1999 年底在西雅圖舉行的 WTO 會議中，聯合國祕書長安南（Kofi Anan）首度決定結合公私部門及國際組織，發起「全球盟約」（The Global Compact），要求企業落實企業社會責任的全球營運原則，可說是企業社會責任發展過程的重要里程碑。世界企業永續發展委員會（World Business Council for Sustainable

---

7　*Ibid.*, p. 2.

8　吳必然、賴衍輔，企業社會責任（CSR）概念的理論與實踐，證券櫃檯月刊，第 122 期，2006 年，頁 31-42。

Development, WBCSD）將企業社會責任定義為：「一種企業為求得經濟永續發展，共同與員工、家庭、社區與地方、社會營造高品質生活的承諾[9]。」

　　因此，「成功」企業，獲利不再是唯一指標。企業經營不光只是替股東賺錢而已，還要對社會、環境的永續發展有所貢獻。甚至兼顧所有相關的利害關係人的權益。更具體地說，企業能否同時擔負起社會責任、環境責任和經濟責任這三重盈餘（Triple Bottom Line），已經成為判斷現代企業經營是否符合企業社會責任的標準。而企業社會責任主要包括以下幾個議題：1. 員工權益與人權；2. 消費者權益；3. 股東權益、經營資訊揭露及公司治理；4. 環保；5. 社區參與；6. 供應商關係；及 7. 遵守政策法令[10]。

（二）企業社會責任的演進

　　如今企業社會責任的領域廣大，隨著全球永續性報告協會於 2016 年 10 月 19 日發布之永續性報告指南[11]，國際逐漸以用 ESG 原則來衡量，E 是指環

9　林珮萱，同註 3。

10 陳春山，公司治理與企業社會責任（CSR）的實踐，證券資料，第 546 期，台灣證券交易所，頁 2-7。

11 Sustainability Reporting Guidelines issued by the Global Reporting Initiative (GRI) on October 19, 2016.

境（environment）、S 指社會（social）、G 是治理（governance）。而所謂的企業社會報告書將逐步進階為企業永續性報告書，對公司治理將產生相當大的變化[12]。

根據經濟合作暨發展組織（Organization of Economic and Cooperative Development, OECD）2004 年修訂的公司治理原則[13]，其提出六項原則，提供企業建立一個健全的公司治理之參考。2015 年最新修訂，新增主張強化機構投資人的角色、加強防範內線交易等，最新六項原則如下[14]：

1. 確立有效公司治理架構之基礎。
2. 股東權益、公允對待股東與重要所有權功能。
3. 機構投資人、證券市場及其他中介機關。
4. 利害關係人在公司治理扮演之角色。
5. 資訊揭露和透明。
6. 董事會責任。

2015 年聯合國在成立 70 週年之際，發表《翻轉世界：2030 年永續發展議程》（*Transforming Our World:*

---

12 企業社會責任入門手冊，天下文化，2008 年。

13 Corporate Governance Principles Revised by the Organization of Economic and Cooperative Development (OECD) in 2004.

14 金融監理管理委員會證券期貨局，公司治理簡介，https://www.sfb.gov.tw/ch/home.jsp?id=882&parentpath=0%2C8，最後瀏覽日期：2021 年 5 月 14 日。

the 2030 Agenda for Sustainable Development），期盼至 2030 年時能夠消除貧窮與饑餓，實現尊嚴、公正、包容的和平社會，守護地球環境與人類共榮發展，以確保當代與後世都享有安居樂業的生活。更提出「永續發展目標」（Sustainable Development Goals, SDGs）——包括 17 項核心目標（goals）及 169 項具體目標（targets），用來衡量實踐情形[15]（圖 9-1）。17 項核心目標涵蓋環境、經濟與社會等面向[16]（圖 9-2），展現了永續發展目標之規模與企圖心。

圖 9-1　SDGs 17 項核心目標

---

15 United Nations, https://sdgs.un.org/, last visited: March 14, 2022.

16 世界正在翻轉！認識聯合國永續發展目標，Impact Hub Taipei，https://taipei.impacthub.net/blog/10031，最後瀏覽日期：2021 年 5 月 14 日。

圖 9-2　SDGs 與 ESG 關係圖

資料來源：Impact Hub Taipei.

三、社會企業的意涵與社會創新

（一）何謂社會企業

　　社會企業的源起可由穆罕默德‧尤努斯（Muhammad Yunus）在 1976 年於孟加拉成立了提供窮人貸款的格萊珉銀行（Grameen Bank，意為「鄉村銀行」）之微型信貸（microfinance）模式創立而發展出來[17]。其走訪孟加拉鄉村時，發現有許多婦女因無力償

---

17 財團法人台灣尤努斯基金會官網，https://ingocenter.taichung.gov.tw/

還高利貸借款，生活因此陷於困境。而這些婦女無法償還的總金額，往往不太高，僅是數十美金。他發現微型貸款不但可讓婦女還清借款，還可以製作一些小商品販賣、創造微型企業[18]。以「小額貸款」和「小額金融」之微型信貸的創新模式，成為社會企業概念的先驅[19]。

　　社會企業發展至今，全世界各地有很多社會創業家，以創新的商業模式改善社會原本的微型信貸，擴展到受到更多關注的社會議題，例如教育機會、兒童健康、婦女就業、水資源、氣候變遷、生物多樣性、環境永續等[20]。如財團法人台灣尤努斯基金會成立之目的，即在於推展社會型企業（Social Business）與微型信貸（Microcredit）格萊珉模式（Grameen Model）在台灣發展，以永續、有效的商業模式解決社會問題為目標，達成全球零貧窮、零失業、零淨碳排放之三零目的[21]。

　　根據台灣社會企業創新創業學會的定義，「社會企業」（social enterprise, SE）是一種可以同時具備社會

StationaryUnitDetailC001400.aspx?Cond＝da40fcdd-9087-497e-ab3f-c14b86fc10ca，最後瀏覽日期：2021 年 5 月 14 日。

18 參考社企流網站，http://www.seeheart.com.tw/social-enterprise，最後瀏覽日期：2021 年 5 月 14 日。

19 同註 17。

20 同註 17。

21 同註 17。

責任與獲利能力的公司型態組織，甚至是將一般企業應盡的社會責任，轉換或發展成為能夠永續經營的商業目標的公司[22]。其盈餘主要用來投資社會企業本身、繼續解決該社會或環境問題，而非為出資人專有[23]。

來自 NPO、NGO 等的事業部門，亦可以是有營收與盈餘的，例如，陽光社會福利基金會為促進身障者就業而推動設立陽光加油站；崔媽媽基金會為無殼蝸牛成立的「蝸牛社會企業」[24]；台北市私立勝利身心障礙潛能發展中心提供的身心障礙者就業服務及庇護工場；大誌雜誌提供雜誌讓遊民在街頭販售，讓街友取得住所並尋求穩定工作；喜憨兒社會福利基金會提供憨兒訓練職場、庇護工作站，協助其獲得工作技能及轉介工作等，顯示非營利組織是可以從接受補助與捐款為主的經營型態，轉變為尋求經費自立自足的社會企業[25]。

因此，究竟什麼是社會企業？一般而言係「為解決

---

22 什麼是社會企業？http://www.seeheart.com.tw/social-enterprise，最後瀏覽日期：2021 年 5 月 14 日。

23 摘錄社企流網站，https://airboss2013fall.weebly.com/csr.html，最後瀏覽日期：2021 年 5 月 14 日。

24 同註 17。

25 台北市社會局，咖啡館第 20 桌──你想像中的社會企業是什麼？與非營利組織有什麼不一樣？它如何運用在社會福利事業上？https://dosw.gov.taipei/News_Content.aspx?n=4E0583E8B33CEE25&sms=70221DE82F111A43&s=63364D98BF97762F，最後瀏覽日期：2023 年 2 月 17 日。

特定社會問題而成立的企業」，或是「以企業手段、商業創新模式解決社會問題的企業」。社會企業設立目的與非營利組織、非政府組織或是各種慈善基金會相近，但最大不同的地方在於，社會企業不以接受政府補助或外界捐款為主要財務來源，社會企業必須是自負盈虧、自給自足的經營模式[26]。

（二）社會企業與社會創業

　　近年來，關於社會企業與社會創業（social entrepreneurship）的討論蔚為風潮，不僅形成了一場新的公民自覺與自發運動，更模糊了營利與非營利以及公益與企業的界限、轉化了非營利組織不可營利的思維，甚至改變了政府的公共政策[27]。

　　社會企業在國際間已被證明為一個可擴張且永續經營的商業模式，不僅營利部門可以從事解決社會問題為目的之經營模式，社會公益組織亦可以營利方式解決公益目的而達到財務自主性。諸如比爾蓋茲（Bill Gates）的創造性資本主義（Creative Capitalism）、麥可波特（Michael E. Porter）的創造共享價值（Creating Shared

---

26 黃昭勇，什麼是社會企業？一次搞懂社會企業與企業社會責任，天下，2019年 11 月 1 日，https://csr.cw.com.tw/article/41221，最後瀏覽日期：2021 年 5 月 14 日。

27 同註 17。

Value）等都極力提出反思，認為社會與企業不再是兩條陌生的平行線，兩者是有合作的可能性[28]。

　　而社會創新在於企業必須平衡經濟獲利與環境永續發展，並讓社會公益與企業獲利不相互衝突，強調創新與社群合作的社會創新便應運而生。社會創新和社會企業的不同處在於，社會企業是結合商業力量完成社會使命；而社會創新則是多元的，係透過技術、資源、社群的合作，也就是用創新的方法來解決社會問題。而我國為有效解決社會及環境相關問題，提出「社會創新行動方案」，一方面可實踐聯合國永續發展目標，強化國際連結，另一方面可促進國內經濟、社會與環境的包容性成長，落實「創新、就業、分配」為核心的新經濟模式[29]。

---

28 社會企業新手必讀！3 步驟帶你深度了解社會企業，社企流，2021 年 3 月 23 日，https://www.seinsights.asia/article/3291/3268/7774，最後瀏覽日期：2021 年 5 月 14 日。

29 社會創新行動方案，2018 年 8 月 24 日，https://www.ey.gov.tw/Page/5A8A0CB5B41DA11E/ad3272ab-6b66-4c35-b02d-92c146f9fb23，最後瀏覽日期：2021 年 9 月 26 日。

四、企業社會責任報告書強化與社會企業合作的契機

（一）企業社會責任報告的起源與內涵

　　許多公司導入企業社會責任方案之初，往往沒有思考清楚何謂企業的「社會責任」，既沒有找出企業社會責任的適當主題和落實方式，也沒有將企業社會責任的觀念導入企業經營的視野中[30]，使得有些企業把捐贈給特定公益慈善事業，當成是企業社會責任；有些企業則把與非營利組織合作的善因行銷（cause-related marketing）或社會行銷（social marketing）方案，視為企業社會責任，甚至將捐血、淨灘、淨山活動都認為是做到企業社會責任。但這些都只是企業社會責任的一部分，不是全部[31]。

　　許多企業在撰寫企業社會責任報告書時，通常認為要先從它們直接面對的壓力，及較重要的議題著手。在 1990 年代初期，由於當時有很多環境抗爭議題，讓企業覺得有必要先從環境報告書開始揭露[32]。而美國國會在 1986 年通過「緊急規劃及社區有權知道

30 林珮萱，同註 3。
31 林珮萱，同註 3。
32 林珮萱，同註 3。

法案」（Emergency Planning and Community Right-
to-Know Act, EPCRA），要求環境資訊必須公開。之
後，1989 年挪威的 Norsk Hydro 公司首先發行企業環
境報告書（Corporate Environmental Report, CER）。
1991 年 Monsanto 公司也發行了美國第一本環境報告
書，內容包括了毒性物質排放數據，以及一些環境績
效的改善目標。緊接著，歐盟（EU）與丹麥、荷蘭等
國、國際標準化組織（International Organization for
Standardization, ISO），以及聯合國環境署（United
Nations Environment Programme, UNEP）、世界企業永
續發展委員會（World Business Council for Sustainable
Development, BCSD）、全球永續性報告協會等，相繼
提出了企業必須提供環境報告書的法令、政策或綱領的
要求 33。

　　然而企業環境報告書著重在環境績效的揭露，無
法同時符合經濟、社會與環境等利害關係人的需求，
所以聯合國環境署與「對環境負責任之經濟體聯盟」
（Coalition of Environmentally Responsible Economies,
CERES）在 1997 年共同成立了全球永續性報告協

---

33 胡憲倫、劉文翔，台灣企業環境報告書之現況評析，https://www.ftis.org.tw/
cpe/download/she/Issue4/subject4-2.htm，最後瀏覽日期：2021 年 9 月 26
日。

會（GRI）[34]。自 1997 年發布永續發展報告的揭露架構，2016 年正式推出 GRI 永續性報告準則（GRI Sustainability Reporting Standards）[35]，GRI 永續性報告準則除「GRI 101：基礎（Foundation）」作為使用標準外，還分開發行「GRI 102：一般揭露（General disclosures）」、「GRI 103：管理方針（Management approach）」等三項通用標準，以及「GRI 200：特定主題——經濟系列（Topic-specific standards economic series）」、「GRI 300：特定主題——環境系列（Topic-specific standards environmental series）」與「GRI 400：特定主題——社會系列（Topic-specific standards social series）」等群組，共 33 個特定主題標準[36]。目前全球許多大型企業均已自行採用或被政府（包括台灣）要求採用 GRI 綱領製作報告書[37]。

---

34 郭大維，論英國企業社會責任之推動與實踐及其對我國之啓示，證券暨期貨月刊，第 30 卷第 3 期，2012 年 3 月 16 日，頁 25-35。

35 中華民國企業永續發展協會之 GRI 簡介，https://bcsd.org.tw/%E7%89%B9%E5%88%A5%E6%8E%A8%E8%96%A6/%E5%9C%8B%E9%9A%9B%E5%90%88%E4%BD%9C%E7%B5%84%E7%B9%94/gri/，最後瀏覽日期：2023 年 2 月 14 日。

36 高晟晉，GRI 準則編製重點摘要，證券服務，第 670 期，2019 年 4 月 15 日，頁 44-50。

37 企業社會責任報告書概要與 GRI 102 一般揭露要點，管理知識中心，2019 年 2 月 15 日，https://mymkc.com/article/content/23082，最後瀏覽日期：2021 年 9 月 26 日。

　　永續會計準則委員會（Sustainability Accounting Standards Board, SASB）於 2018 年公布了「重大性地圖索引」（Materiality Map），要求各產業公司就消費品、提取物和礦物加工、金融、食品與飲料、衛生保健、基礎設施、可再生資源和替代能源、資源轉化、服務、科技與通訊、運輸等 11 項產業別，依其特性在環境、社會資源、人力資源、商業模式與創新、領導力及公司治理等五大面向之細項下一一回應。平均而言，每個行業標準有六個揭露主題、13 個會計指標，整體約 75% 會計指標為定量的。此將更加滿足投資人的資訊需求，有利於企業更全面性地展現績效與價值，並逐漸被企業採用 [38]。

　　國際金融穩定委員會（FSB）在 2015 年成立的氣候相關財務揭露工作小組（Taskforce on Climate-related Financial Disclosures, TCFD），其任務為擬定一套具一致性的自願性氣候相關財務揭露建議，協助投資人與決策者了解組織重大風險（包括轉型風險 [39]、實體

---

[38]《ESG 投資名詞解釋》上市櫃公司近年熱議的 ESG，為何必談 TCFD、SASB？https://esg.businesstoday.com.tw/esg-academy/2021/12courses/sasb-tcfd-disclosures.html，最後瀏覽日期：.2023 年 3 月 3 日。

[39] 轉型風險包括：政策和法規風險、技術風險、市場風險及名譽風險。

風險 [40]），並可更準確評估氣候相關之風險與機會 [41]。
TCFD 財務資訊揭露資訊包括：治理（governance）、
策略（strategy）、風險管理（risk management）、指
標和目標（metrics and targets）四大項 [42]。TCFD 提出
的建議可適用於各類組織，包含金融機構等，目的為收
集有助於決策及具前瞻性的財務影響資訊 [43]。

　　此外，事實證據，ESG 評級為正的公司對公司價
值產生積極影響，而 ESG 評級不佳的公司其股票價值
受到負面影響。公司提供企業社會責任和 ESG 訊息披
露 [44]。ESG 指標尤其著重於公司治理 [45]。如「薩班斯—奧
克斯利法案」第406條指示美國證券交易委員會（United
States Securities and Exchange Commission, SEC）要求

---

40 實體風險包括：立即性風險和長期性風險。

41 機會包括：提高生產及能源使用效率、使用低碳的替代能源、開發創新低碳
　　產品或服務、轉型至低碳經濟的企業合作及培養因應氣候變遷之調適能力等。

42 同註 38。

43 氣候相關財務揭露（TCFD）介紹，https://proj.ftis.org.tw/isdn/Message/
　　MessageView/245?mid=47&page=1，最後瀏覽日期：2023 年 3 月 3 日。

44 Thomas Lee Hazen, Securities Law, Social Responsibility, and a Proposal
　　for Improving ESG Disclosure, Wallstreetlawyer.com: Securities in the
　　Electronic Age, May 2020, p. 1.

45 周頌宜，SG 是什麼？投資關鍵字 CSR、ESG、SDGs 一次讀懂，經理人，
　　https://www.managertoday.com.tw/articles/view/627272021/04/08，最後瀏
　　覽日期：2021 年 9 月 26 日。

證券交易所的道德規範，旨在增強投資人對公司治理結構的信心[46]。亦即企業社會報告書焦點應放在：企業營運中如何減少對社會、環境的負面影響？如何符合利害關係人的利益、需求或期待，以達成社會、環境、經濟的「三重盈餘」[47]？

　　甚至為防止漂綠（Greenwash）問題，除第三方認證（third-party certification）以提高資訊的可信度外[48]，永續發展報告書最新的發展趨勢是，歐盟自 2021 年 3 月 10 日起實施「永續金融揭露規範」（Sustainable Finance Disclosure Regulation, SFDR），未來企業在規劃與設計綠色金融商品時，將受到嚴格檢驗，期待透過統一的標準據以揭露與審視 ESG 的落實程度[49]。

（二）企業社會責任報告書與社會企業合作的契機

　　如前所述，企業易把捐贈給特定公益慈善事業當成企業社會責任，或者把與非營利組織合作的善因行銷或社會行銷方案，視為企業社會責任。

---

46 *Ibid.*, p. 2.

47 林珮萱，同註 3。

48 程鏡明，UL 第三方認證強化公正性，工商時報，2010 年 10 月 19 日，https://www.chinatimes.com/newspapers/20101019000315-260202?chdtv，最後瀏覽日期：2023 年 2 月 14 日。

49 黃帥升，歐盟永續金融揭露規範（SFDR）之內涵與衝擊因應，會計研究月刊，第 427 期，2021 年 6 月，頁 73。

企業社會責任在台灣可自 2010 年 2 月 6 日由證交所、櫃買中心共同訂定之上市上櫃公司企業社會責任實務守則，屬自願性質，自願將企業在環境、社會與治理等面向之資訊揭露與利害關係人。

金管會於 2014 年公告進一步要求上市（櫃）食品業、金融業、化學工業及實收資本額爲新台幣 100 億元以上之公司，應編製企業社會責任報告書，藉此強調企業永續之重要性。2016 年起更擴大規範對象，增加實收資本額爲 50 億元以上之上市（櫃）公司。金管會並督促證交所、櫃買中心訂立「上市上櫃公司誠信經營守則」、「○○股份有限公司誠信經營作業程序及行爲指南」參考範例。

2020 年金管會爲提醒企業重視 ESG 相關利害關係議題，並提供投資人決策有用之 ESG 資訊，有意跟進歐盟永續金融分類之做法，亦於 2020 年陸續發布「綠色金融行動方案 2.0」以及「公司治理 3.0——永續發展藍圖」，以引導金融業及企業重視永續發展及 ESG。要求上市（櫃）公司、金融業揭露統一定義的永續環境活動，以供國際投資人參考、投資 [50]。其中「公司治理 3.0——永續發展藍圖」中「計畫項目二：提高資訊透明度，促進永續經營」之「一、強化上市櫃公司 ESG

---

50 黃帥升，同註 49，頁 77。

資訊揭露」，與企業發行之永續報告書密切相關，計有五項具體措施，包含促進資訊揭露透明度、擴大編製／驗證範圍及發行英文版報告書等，企業得及早因應，特別是實收資本額 20 億至 50 億元之企業，未來將在編製與申報 2022 年永續報告書時，需同時依循 GRI、SASB 及 TCFD 揭露相應內容[51]。

所以，不僅是大型的上市（櫃）公司才需要或有能力履行企業社會責任，有關「社會企業」亦期待在這一波企業永續發展的潮流之下逐漸被重視和看見，甚至透過各種類型的合作架構共享技術、產品、服務、資源或是共同創新的可能性[52]。

誠如統一超商旗下 7-ELEVEN 為呼應環保意識，打破以往公益募款模式，利用通路優勢，提出「一次性塑膠使用量逐年減少 10%」目標，預估 2023 年使用占比低於 20%、2028 年低於 10%、2050 年 100% 無使用，首度由超商與社福團體——中華民國腦性麻痺協會及社會企業——零廢棄時尚社會企業 Story Wear 的三方合作，攜手打造「超商永續循環經濟」，將門市回收的寶

---

51 公司治理 3.0——永續發展藍圖，https://www.sfb.gov.tw/ch/home.jsp?id=992&parentpath=0,8,882,884，最後瀏覽日期：2023 年 2 月 14 日。

52 社會企業與城市願景的相遇及契機，中時電子報，2016 年 7 月 26 日，https://csrone.com/news/3125，最後瀏覽日期：2021 年 9 月 26 日。

特瓶、鮮乳空瓶作為素材開發「永續商品」，透過預購販售，讓環保減塑、循環經濟和友善扶助弱勢的理念同時具體實踐[53]。

不同於以往的公益募款計畫，7-ELEVEN 的「加減新生活——福企好 CHIC」計畫除邀請消費者到門市捐款，將全數募得款項幫助超過 10 萬人次腦麻兒及其家庭，並參考了近年網路流行的群眾商品募資模式，首度架構全新的「超商永續循環經濟」，透過 7-ELEVEN 把愛找回來公益募款平台，幫助社福團體、扶植社會企業，認同理念的消費者也可購買到別具意義又時髦的永續商品，創造多方獲利的友善循環[54]。

又如社會福祉及社會企業公益信託循環基金（以下簡稱：基金或 SERT）於 2016 年至 2018 年期間，在永續（envision）、資金（venture）、創新（originate）、人才（lead）、視野（vision）、透明（endorse）六大面向上，陪伴台灣的社會企業（以下簡稱：社企）與非營利組織（以下簡稱：NPO）成長，亦積極孕育影響力投資環境、促進社創生態圈交流及企業端合作，期盼台

53 嚴雅芳，7-ELEVEN 攜社企、社福團體首創超商永續循環經濟，經濟日報，2021 年 4 月 15 日，https://money.udn.com/money/story/5612/5390431，最後瀏覽日期：2021 年 5 月 14 日。

54 同前註。

灣社會邁向共好共榮[55]。

　　過去三年內，在投資及贊助方面，投資於壹茶園股份有限公司的厚生市集、社會網絡股份有限公司的社區網絡、多扶事業股份有限公司的提供輪椅接送和無障礙旅遊服務，以及奇力愛股份有限公司的癌症病患送餐服務等四家社會企業；贊助社團法人台灣四十分之一移工教育文化協會的移民工線上人生學校建置、社企流股份有限公司舉辦 2018 年亞太社會企業高峰會，以及青少年表演藝術聯盟的風箏少年計畫等三家社會企業與非營利組織共獲得 12,252,719 元；尤其是 2017 年號召 12 家社會企業精選台灣好物，共同推出中秋禮盒，訂購盒數不到三個月即超過預期目標 4,600 盒，共有 81 家的企業參與採購，銷售金額達 694 萬元等[56]。

　　而行政院於 2014 年 9 月 4 日核定「社會企業行動方案」（2014 年至 2016 年），以「營造有利於社會企業創新、創業、成長與發展的生態環境」為推動願景，依「調法規、建平台、籌資金、倡育成」等核心策略推動各項政策，由各部會編列公務預算及相關基金預算支應，共同推動相關可行措施。並於 2017 年延續「社

---

55 社會福祉及社會企業公益信託循環基金（SERT）2016-2018 年影響力報告書，頁 1-2。
56 同前註。

會企業行動方案」之精神，推出「社會創新行動方案」
（2018 年至 2022 年），期能透過串連社會企業、非營
利組織與一般企業，共同發揮社會價值與影響力，更加
深化台灣社會創新之發展，使得台灣未來社會企業在籌
資、募資、行政及財務管理方面都能更加順利成功；也
希望國內金融或保險業，提供更符合社會企業發展需求
的商品及工具[57]。

　　2018 年 1 月 24 日行政院推行之「臺灣社會創新的
發展趨勢」亦將朝三個方向努力來支持社會的創新環
境：第一，持續完備相關法規；第二，推動創新法規沙
盒申請案件平台；第三，提升社會企業國際能見度[58]。其
中在推動創新法規沙盒申請案件平台方面，經濟部中小
企業處參考英國 Buy Social Corporate Challenge 企業社
會採購政策，希望促進公部門、企業與民眾等購買社企
產品的做法，自 2017 年辦理首屆「Buying Power 社會
創新產品及服務採購獎勵機制」。透過 Buying Power
獎勵機制，持續鼓勵中央及地方政府機關、國營事業、
民營企業及團體率先採購社會創新組織產品或服務，並

---

57 推動台灣社會創新，政府首重「串連」——唐鳳：讓社創組織彼此連結協力，
　　成為促進永續發展的巨大動力，社企流，2019 年 7 月 4 日，https://www.
　　seinsights.asia/article/3291/3268/6413，最後瀏覽日期：2021 年 9 月 26 日。
58 社會創新行動方案（107-111 年），2018 年 8 月，頁 1。

將相關資源投入，協助社會創新組織取得資源及開拓市場商機，實踐責任消費與生產，促成工商各界與社創組織創新合作。採購對象則凡登錄於經濟部中小企業處社會創新平台「社會創新組織登錄資料庫（社會創新資料庫）」之名單，皆為本獎勵機制採購對象。其採購管道自該社會創新組織官方網站、電子商務平台、實體通路進行產品或服務採購均可。自 2017 年推動至 2021 年已累積超過新台幣 18 億採購金額，無論是採購獎金額或是特別獎申請家數皆持續成長，共超過 400 個組織積極參與[59]。

五、台北市婦女新知協會之所屬新知工坊的由來與社會創新

（一）成立由來及目的

　　社團法人台北市婦女新知協會（以下簡稱：台北新知）是台灣地區重要婦女團體之一，自 1994 年成立以來，以女人幫助女人為目標，長期關心婦女議題、表達婦女意見、爭取婦女權益，並積極推動各項女性議題的研討與女性自覺系列課程等活動，期待能在基層落實女

59　新創圓夢網社會創新專區，https://sme.moeasmea.gov.tw/startup/modules/se/，最後瀏覽日期：2023 年 2 月 17 日。

性自覺扎根工作，目前對於協助老人及失能者長期家庭
照顧工作之婦女，以及中高齡婦女之二度就業的支持等
兩大業務，在台灣堪稱首屈一指[60]。

　　在協助老人及失能者長期家庭照顧工作之婦女部
分，除了照顧技巧指導、紓壓活動、法律課程、心理協
談外，更成立照顧經驗交流的在地社群，以及主動組織
照顧者所在地的跨專業管理團隊，使其成為長者安居、
社會安定的重要力量[61]。

　　在中高齡婦女之二度就業方面，20 多年來，台北
新知運用有限資源舉辦各種女性成長課程、法律新知與
婦女參與公共事務相關課程，過程中發覺單親、中高
齡、社經弱勢女性對於經濟自主有強烈的需求，進一
步開辦各種經濟培力課程，包括「布可思議創業工作
坊」、「布布精心創業行銷班」等，教授婦女製作各式
布藝商品販售，希望單親、中高齡、社經弱勢女性藉此
有經濟上的收益[62]，皆持續與「布」有不解之緣[63]。

　　有感於單親弱勢女性及二度就業婦女的經濟需求，

---

60 參考社團法人台北市婦女新知協會官網簡介，https://www.wawakening.org/
　 info/91732983，最後瀏覽日期：2022 年 6 月 30 日。

61 同前註。

62 同註 57。

63 參考社團法人台北市婦女新知協會 112 年度多元就業開發方案經濟型計畫書，
　 頁 4。

　　台北新知理監事決議帶領具有布藝技能和企圖心的婦女共同創業，申請多元就業開發方案經濟型「幸福衣工坊」計畫，於 2017 年成立「台北新知——幸福衣工坊」，2018 年申請「新知工坊」計畫，成立「新知工坊」，致力於終結貧窮、性別平等、良好工作及經濟成長、負責任的生產消費循環、發展方向契合於聯合國永續發展目標的社會進步、社會共榮之核心價值。帶領及幫助單親媽媽或中高齡二度就業婦女走出一條自利互利的創業路徑。成立「新知工坊」，以社會企業模式經營運作，其初衷便是為中高齡婦女解決二度就業的問題，透過各種具體的職訓課程，協助婦女尋找就業機會，除增加家庭收入的同時，更能從工作的成就感中加強女性對自我的肯定與自信 64。

表 9-1　新知工坊成立大事記

年份	内容
1998	成立「玩布工作坊」，集結、組織並解放女性内在生命力
1998	舉辦「迪化街布藝嘉年華」，以藝術營造社區活力
2010	成立「布可思議創業工作坊」轉型，以拼布創作商品創造收益
2017	創立「幸福衣工坊」
2018	創立「新知工坊」

---

64 同註 57。

　　其並宣導原料工廠實踐社會責任，資源回收廢棄原料，經再設計開發成品，減少廢棄原料處理及成品物料成本，增加產品售價競爭能力，一舉數得。且以「互助共利」原則降低製作成本、增加各方利潤操作；以「不等」的利潤分配方式維護公平正義；運用網路平台建立「共同經營」模式，為基層庶民爭取經濟自主空間，解決當前經濟困頓、減少貧富懸殊所衍生之社會問題。進而用積極性方法解決高齡化社會經濟力不足，鼓勵中高齡人口重新踏入社會，參與經濟活動，退而不休再創事業第二春，或實踐理想，激發生命力活出希望。

　　工坊規模已從最初的三人，擴增至如今的八人團隊，外圍也有「衛星工廠」與她們合作無間，隨時支援大量訂單──所謂的衛星工廠，即是那些因家中有人需要照護、無法外出工作的婦女，但只要家中有一台縫紉機，她們照樣能展現手藝，成為工坊的戰力。另外，新知工坊也秉持「回收再利用」的原則，巧妙地運用這些回收牛仔褲，再搭配她們自布莊取得的各種過季庫存布，以訂單代替捐款，鼓勵秉持企業社會責任原則，且與認可工坊的環保理念的企業長期合作，如：華碩的牛仔電腦提包、海洋保育團體的形象杯套與背袋、安盛投資的環保壺套禮盒、緯創資通的口罩套等[65]。

---

65 參考社團法人台北市婦女新知協會 110 年度多元就業開發方案經濟型計畫書，
　　頁 15-19。

　　2020 年與 Center for Media and Social Impact 攜手防範 COVID-19 對人民的危害，邀請尼泊爾相關婦團共同學習製作布口罩，極具社會使命感和國際責任；甚至 2020 年底協會參加台灣優樂地舉辦的「永續 in Power 社會創新大賞」，更因新知工坊以「互助共利」降低製作成本、增加各方利潤的操作，為女性自覺、經濟自主，逐漸成為台灣 NPO 社會企業之典範，獲得評審青睞，得到由台灣衛福部陳時中部長提供的實踐平權獎，突顯台北婦女新知深具社會影響力，也不斷努力精進社會創新的工作方法服務弱勢 [66]。

（二）新知工坊社會企業創業模式

1. 倡導公益行銷，植入環保及社會責任概念：與社企團體及民間企業合作，使用企業廢棄原料，或向弱勢團體募集舊衣，再製生成新產品，永續循環利用資源並扶持弱勢。
2. 創造溫馨友善工作環境氣氛及彈性工時制度：以不定時工時及浮動上班時段、在家工作等模式，靈活提供多名中高齡及二度就業婦女工作機會。
3. 串聯單點為工班網絡，加大助益人數廣度。
4. 藉由品牌合作及異業聯盟等商業模式，代替現有傳統

---

66 同前註。

手工裁縫製造業：工坊與具有環保概念企業及設計師，以訂單委製及長期合作模式，共生共利互助商業模式往社會企業目標前進，穩固經營[67]。

表 9-2　新知工坊社會企業創業模式

關鍵夥伴	關鍵活動	價值主張	客戶關係	目標客群
1. 布料供應商： 永樂布商 碧華街庫存布商 2. 牛仔褲回收商 3. 客戶： 華碩 Story Wear 故事衣 蘆葦女力 瑪納食品 台灣好室 富盛證券 永豐銀行 中原扶輪社 法國巴黎人壽 勞動部勞力發展署 SANDY Art 鎂 海軍陸戰隊 傑太日菸	1. 客戶訂單需求報價生產 2. 配合家庭照顧及各社服單位，有布作需求的配合活動 **關鍵資源** 1. 勞動部多元方案補助 2. 各方捐款 3. 客戶通路 4. 協會會員	提供單親婦女經濟支持、急難救助等。並在學習訓練過程中即能回饋人群，進而所成後能再回饋社會。並結合永續環保精神，使用再生材料研發製作產品，循環再生，不止產品、教學相長，由工坊培力進而獨立的婦女，再傳承予新人，循環再生、助已助人	建立互信互賴的客戶關係，生產產品精緻且 CP 值高 **通路** 1. B2B 2. 市集擺攤 3. 網路行銷平台	1. B2B：關注社會支持婦女就業企業 2. 社會企業 3. 網路行銷平台社會大眾

---

[67] 參考 109 年社團法人台北市婦女新知協會／新知工坊計畫書。

表 9-2　新知工坊社會企業創業模式（續）

成本結構	收益流
製造成本 60% 銷貨成本 20% 其他費用 20%	客戶訂單占整體營收 95% 零售單品占整體營收 5%

參考資料：109 年社團法人台北市婦女新知協會新知工坊計畫書。

（三）新知工坊善用企業社會責任的合作夥伴

　　新知工坊以訂單代替捐款的經營理念，獲得台灣相當多企業和機關（構）的認同，包括：華碩、Story Wear 故事衣、蘆葦女力、瑪納食品、台灣好室、富盛證券、永豐銀行、中原扶輪社、法國巴黎人壽、勞動部勞力發展署、SANDY Art、鎂、海軍陸戰隊、傑太日菸等，其中不乏社會企業支持或具有企業社會責任、ESG 的經營理念的企業支持，包括：

1. **Story Wear 故事衣**：本身是社會企業，由設計師陳冠百以環保及人文永續概念創立零廢棄時尚潮流，利用回收丹寧布料及工廠庫存布，長期委託工坊製作布藝品及訂製服，並藉由與故事衣合作，委製知名企業特色訂單，結合故事性及社會企業理念，挑戰全新裁縫手法及技術，甚至不只技術面，並提升車縫人員美學及行銷概念，共建企業 ESG 達成社會責任標的。五年合作以來，平均每月訂單 10 萬元不等，累積訂

單已達 600 萬元以上 [68]。

2. **蘆葦女力**：本身也是社會企業，以「社會創新」及「跨界合作」核心理念，建構跨界協作之資源整合平台，推動以女力發展為主之社會創新企業，因蘆葦女力委託而承製台灣本土大型連鎖咖啡──路易莎咖啡麻布杯袋，善用原本堆置廢棄咖啡豆麻布袋，設計製成如一杯袋、托特包提袋、書封套等廣獲好評周邊商品。五年來，已訂購 2 萬 5,000 個以上一杯袋，單價自 39 元至 59 元不等，累積訂單已達 120 萬元以上 [69]。

3. **華碩電腦**：本身是台灣重視 ESG 報告書之上市公司，本土 3C 大廠，秉持在地服務精神及 ESG 企業責任，曾多次並持續發包企業周邊商品委託工坊製造「華碩帆布包」，作為華碩電腦禮贈品包，協同促進中高齡及二度就業婦女工作機會及經濟成長。近三年每年均訂購 500 個印有華碩標章之電腦包、環保袋，五年來累積訂單已達 65 萬元以上 [70]。

4. **富盛證券**：本身也是台灣重視 ESG 報告書之上市公司，深耕 ESG 領域 20 多年，以實際行動為促進全球

---

68 參考社團法人台北市婦女新知協會／新知工坊 112 年度多元就業開發方案經濟型計畫書，頁 18-24。

69 同前註。

70 同註 57，頁 22。

　　經濟及生活環境增添實質意義，109 年與工坊以「環境永續」為核心理念，使用丹寧回收布料製作中秋貴賓禮盒中的一杯袋，共 600 個計 12 萬元，期望以永續時尚創造正向循環經濟價值。110 年與工坊繼續合作[71]。

　　值得一提的是，深耕 ESG 領域 20 多年的安盛投資管理與總代理富盛證券投顧，近期在台灣以實際行動發揮影響力，特別與致力於開發婦女潛能及推動永續發展的社會企業台北市婦女新知協會——新知工坊合作，中秋禮盒除了環保杯及茶葉外，特別邀請台北新知以利用回收丹寧布料重新再造、賦予新生命，製作安盛投資管理專屬的環保飲料提袋，以「環境永續」為設計核心，希望能透過打造永續時尚，創造正向循環經濟價值[72]。

　　安盛投資管理總代理富盛證券投顧執行董事蔡政哲表示：「我們致力於在策略和財務上對長線投資人最重要的 ESG 主題。如氣候變化、職場性別平等等議題，這些與新知工坊追求的理念與宗旨不謀而合。很開心能與新知工坊合作，一起實踐企業社會責任和環境永續的

---

71 同註 60，頁 15-19。

72 項家麟，安盛投資落實 ESG 策略協助新知工坊創造循環價值，經濟日報，2020 年 9 月 21 日，https://money.udn.com/money/story/6722/4875761，最後瀏覽日期：2021 年 5 月 14 日。

願景，也希望能帶起拋磚引玉之效，讓更多的公民營企業及機關團體了解婦女新知協會，共同來支持立意良善的社會企業理念，為台灣環保盡一份心力[73]！」

（四）新知工坊的社會創新

1. 募集廢棄原物料，降低原物料取得成本：由企業提供通路及原物料，如咖啡連鎖企業提供廢棄咖啡豆麻布袋，由工坊設計再製重生為文創產品。

2. 聯合不同團體或組織共同建構互利互助平台，借力使力：與社企團體合作，舉辦培力課程，並循環教學，由「新知工坊」技術部培訓的種子老師受邀為進階班的指導老師。講師將提供一系列進階的縫紉技術課程，並配合實作，將所學實際落實到作品中，讓縫紉不再只是興趣，而是可增加成員成就感，以及提供縫紉技術與就業市場連結的可能性。

3. 設計開發個人化產品，並加入民俗文化題材：與設計師合作，打造自我品牌特色及文化意象商品。

4. 創造女性就業機會，貢獻於國民經濟：聘用遭遇困境失業或二度就業之中高齡婦女為工作人員，強化其原有專長，並輔以新時代專業知識，訓練其成為種子教師，創造更多女性就業機會。

---

73 同註 72。

5. 培育提升女性就業技能，提升婦女社經地位，減少社會整體福利負擔：培力遭遇困境失業或鼓勵中高齡婦女二度就業，訓練專業技能，改善家庭經濟，提升其社經地位，減輕超高齡社會經濟負擔。

6. 鼓勵老齡重新踏入社會，激發活出希望的生命力，參與經濟活動，再創事業第二春：降低高齡化社會經濟力不足及縮短因消沉後之長期臥床率造成之嚴重社會負擔，為超高齡社會預做積極性的解決方法。

7. 建立社會責任：與相關培訓單位合作，提升進用人員就業競爭力，並以社會企業模式經營管理，建構社會責任和社區發展的核心價值與原則。

8. 不受疫情影響的全球一家：2020 年與 Center for Media and Social Impact 攜手防範 COVID-19 對人民的危害，透過網路無遠弗屆力量，工坊姐妹隔海分享口罩製作技巧，經由網路視訊，邀請尼泊爾相關婦團共同學習製作布口罩，教授尼泊爾婦女使用手邊可得布料，製作防疫口罩，極具社會使命感和國際責任。

9. 建立 NPO 社會企業之典範：由訂單取代捐款商業模式，自立自足而後擴大助人利基，訓練人力可獨立接單作業後，亦回流教育訓練，人力永續，將善循環廣傳至社會甚至全球。以「互助共利」降低製作成本、增加各方利潤的操作；以「平等」的利潤分配方式維護公平正義；及以「共同經營」建立網路平台的方

法，為基層庶民爭取經濟自主空間，解決目前經濟困頓、貧富懸殊的社會問題[74]。

（五）落實社會企業──本於社會企業善的循環，將營收回饋給倡議所需要的婦女

工坊以手作及車縫生產，每年爭取勞動部的支援，支持中高齡婦女就業，可以有登高一呼的效果，引起社會大眾對中高齡婦女就業有更高的關注與支持。也更以方案執行結果做反思，找出未能達成預期目標的原因並加以修正，期許能有更好的創新構想，以能創造更多的營收，回饋給更多需要的人。

1. 協助女性自行創業，且受培訓者在創業之後雇用勞工時，需聘用 50% 單親弱勢婦女為其員工，啟動善的循環，把幸福帶給更多需要幫助的朋友。

2. 盈餘分配比例有 35% 回饋社會福利，提供單親婦女經濟支持、急難救助等，並在學習過程中即能回饋人群，進而在學有所成後能回饋社會，建立善的循環系統，將自身所能再幫助同樣需要幫助的婦女[75]。

---

74 參考台北市婦女新知協會網站，https://www.wawakening.org/，最後瀏覽日期：2021 年 5 月 14 日。

75 同註 57。

六、結論

　　2020 年新冠肺炎疫情急速擴散至全世界迄今，台灣雖被列為世界在新冠肺炎抗疫的前段班，台北市婦女新知協會長年關注與支持中高齡婦女就業，發現在疫情中有許多婦女因社會經濟環境衰退，影響自身與家庭經濟，尤其對於原本社會資本為弱勢的婦女，使得原已難以平衡的經濟生活更雪上加霜。

　　就企業而言，無論是大型企業或中小型企業，企業社會責任（CSR、ESG）都是企業成功的重要指標，甚至有些國際企業早已將企業社會責任表現列為供應鏈下合作的重要考量，因為重視企業社會責任除了可以提升企業形象之外，也能增加企業競爭力。

　　社團法人台北婦女新知協會之新知工坊以社會企業經營模式，創造中高齡婦女之就業機會，並以訂單代替捐款模式與企業合作商品製作，由企業提供通路及原物料，以及回收丹寧布降低原物料取得成本及達到環境永續，擴大中年失業或轉業婦女的培力能量，持續提供專業裁縫訓練及舊衣永續利用服務，希望匯聚更多民間企業、公私協力的服務方案，逐步朝向環境、經濟、社會三者永續兼顧並以女性自立的社會創新模式。

　　然而如前述，行政院相繼於 2014 年 9 月 4 日核定「社會企業行動方案」（103 年至 105 年），以及 2017

年延續「社會企業行動方案」之精神，推出「社會創新行動方案」（107 年至 111 年），期能透過串連社會企業、非營利組織與一般企業，共同發揮社會價值與影響力。未來將朝持續完備相關法規、推動創新法規沙盒申請案件平台及提升社會企業國際能見度等三方面來努力。

惟持續完備相關法規如社會創新事業專法，與歐洲、美國或英國相較，皆已通過社會企業（social enterprise）、共益公司（Benefit Corporation）、社區利益公司（Community Interest Company）等相關法制，以確保合作社、非營利組織或營利組織在運用商業及社會創新方式來看，反觀目前我國雖大力推動社會創新政策，然而相關專法至今仍未有具體方案，使得社會企業或社會創新組織無明確的法律位格；且對此等事業經營者權責規範不明確，致生經營的法律風險；又無有效相應之揭露與監督機制，造成在任何一企業或組織都可以自我標榜具社會性，投機者以追求社會目的或社會使命為名，卻未落實之「漂綠」情形機會大增，恐使公眾難以判斷號稱社會企業或具有社會使命之公司組織之內部的社會關懷和營利的真實情形，而引發稀釋社會價值及誤導民眾信賴之疑慮[76]。

---

76 方元沂，社會創新事業專法建議，2020 年 11 月 23 日，https://issuu.com/

　　此將使得如台北市婦女新知協會「新知工坊」雖已登錄於經濟部中小企業處社會創新平台之社會創新組織登錄資料庫，但因無明確之法律位格，相關業務推展、行銷及人才培育之經費，某程度上經營過程中仍遭遇相當之困難及限制，故爲符合社會企業永續發展需要，懇切期待相關專法的立法通過，以給予更好的發展空間。

── 思考小練習 ──────────────

1. 漂綠是指以友善環境爲名義，遮蓋掩護其產品、政策或行動。當公司或組織對產品或服務的環保優勢進行誇大或虛假宣稱，以吸引消費者對環境日益關注的時候，該如何防止？以及如何透過第三方認證，使永續報告書較具公信力？
2. 社會創新事業專法未來立法重點爲何，才能讓企業社會責任與社會企業的結合不是漂綠的藉口？

── 延伸閱讀 ──────────────

- Buy Social Corporate Challenge, https://www. socialenterprise.org.uk/corporate-challenge.
- Corporate Governance Principles Revised by the

────────────

pdis.tw/docs/_____-_____-2020-11-23，最後瀏覽日期：2021 年 9 月 26 日。

Organization of Economic and Cooperative Development (OECD) in 2004.

- Gerlinde Berger-Walliseral Inara Scottaal, Redefining Corporate Social Responsibility in An ERA of Globallization and Regulatory Hardening, *American Business Law Journal*, Spring, 2018, pp. 1-2.

- Sustainability Reporting Guidelines Issued by the Global Reporting Initiative (GRI) on October 19, 2016.

- Thomas Lee Hazenal, Corporate and Securities Law Impact on Social Responsibility and Corporate Purpose, *Boston College Law Review*, March, 2021, Article, pp. 1-2.

- United Nations, https://sdgs.un.org/.

- 公司治理 3.0——永續發展藍圖，https://www.sfb.gov.tw/ch/home.jsp?id=992&parentpath=0,8,882,884。

- 中華民國企業永續發展協會之 GRI 簡介，https://bcsd.org.tw/%E7%89%B9%E5%88%A5%E6%8E%A8%E8%96%A6/%E5%9C%8B%E9%9A%9B%E5%90%88%E4%BD%9C%E7%B5%84%E7%B9%94/gri/。

- 什麼是社會企業？http://www.seeheart.com.tw/social-enterprise。

- 方元沂，社會創新事業專法建議，2020 年 11 月 23 日，https://issuu.com/pdis.tw/docs/＿＿＿＿＿＿＿-＿＿＿＿＿＿＿＿＿-2020-11-23。

- 《社會責任入門手冊》，天下文化，2008 年。

- 台北市社會局，咖啡館第 20 桌—— 你想像中的社會企

業是什麼？與非營利組織有什麼不一樣？它如何運用在社會福利事業上？ https://dosw.gov.taipei/News_Content.aspx?n=4E0583E8B33CEE25&sms=70221DE82F111A43&s=63364D98BF97762F。

- 台北市婦女新知協會網站，https://www.wawakening.org/。
- 企業社會責任報告書概要與 GRI 102 一般揭露要點，管理知識中心，2019 年 2 月 15 日，https://mymkc.com/article/content/23082。
- 社會福祉及社會企業公益信託循環基金（SERT）2016-2018 年影響力報告書。
- 社團法人台北市婦女新知協會／新知工坊109年計畫書。
- 社團法人台北市婦女新知協會／新知工坊 110 年度多元就業開發方案經濟型計畫書。
- 社團法人台北市婦女新知協會／新知工坊 112 年度多元就業開發方案經濟型計畫書。
- 社會企業與城市願景的相遇及契機，中時電子報，2016 年 7 月 26 日，https://csrone.com/news/3125。
- 社企流網站，http://www.seeheart.com.tw/social-enterprise。
- 社企流，社會企業新手必讀！3 步驟帶你深度了解社會企業，2021 年 3 月 23 日，https://www.seinsights.asia/article/3291/3268/7774。
- 社會創新行動方案（107-111 年），2018 年 8 月 24 日，https://www.ey.gov.tw/Page/5A8A0CB5B41DA11E/

ad3272ab-6b66-4c35-b02d-92c146f9fb23。

- 社企流，推動台灣社會創新，政府首重「串連」── 唐鳳：讓社創組織彼此連結協力，成為促進永續發展的巨大動力，2019 年 7 月 4 日，https://www.seinsights.asia/article/3291/3268/6413。

- 林珮萱，搞懂 CSR 關鍵 20 問一次解答 ── 從釐清概念到提供落實策略，遠見，2017 年 8 月 18 日，https://www.gvm.com.tw/article/39488。

- 金融監理管理委員會證券期貨局，公司治理簡介，https://www.sfb.gov.tw/ch/home.jsp?id=882&parentpath=0%2C8。

- 周頌宜，SG 是什麼？投資關鍵字 CSR、ESG、SDGs 一次讀懂，經理人，https://www.managertoday.com.tw/articles/view/627272021/04/08。

- 賴英照，新證券交易法解析，賴英照出版，四版，2020 年 4 月。

- 吳必然、賴衍輔，企業社會責任（CSR）概念的理論與實踐，證券櫃檯月刊，第 122 期，2006 年，頁 31-42。

- 高晟晉，GRI 準則編製重點摘要，證券服務，第 670 期，2019 年 4 月 15 日，頁 44-50。

- 《ESG 投資名詞解釋》上市櫃公司近年熱議的 ESG，為何必談 TCFD、SASB？https://esg.businesstoday.com.tw/esg-academy/2021/12courses/sasb-tcfd-disclosures.html。

- 氣候相關財務揭露（TCFD）介紹，https://proj.ftis.org.tw/isdn/Message/MessageView/245?mid=47&page=1。

- 郭大維,論英國企業社會責任之推動與實踐及其對我國之啓示,證券暨期貨月刊,第 30 卷第 3 期,2012 年 3 月 16 日,頁 25-35。
- 陳春山,公司治理與企業社會責任(CSR)的實踐,證券資料,第 546 期,台灣證券交易所,頁 2-7。
- 胡憲倫、劉文翔,台灣企業環境報告書之現況評析,https://www.ftis.org.tw/cpe/download/she/Issue4/subject4-2.htm。
- 財團法人台灣尤努斯基金會官網,https://ingocenter.taichung.gov.tw/StationaryUnitDetailC001400.aspx?Cond=da40fcdd-9087-497e-ab3f-c14b86fc10ca。
- 程鏡明,U L 第三方認證強化公正性,工商時報,2010 年 10 月 19 日,https://www.chinatimes.com/newspapers/20101019000315-260202?chdtv。
- 黃昭勇,什麼是社會企業?一次搞懂社會企業與企業社會責任,天下,2019 年 11 月 1 日,https://csr.cw.com.tw/article/41221。
- 項家麟,安盛投資落實 ESG 策略協助新知工坊創造循環價值,經濟日報,2020 年 9 月 21 日,https://money.udn.com/money/story/6722/4875761。
- 新創圓夢網社會創新專區,https://sme.moeasmea.gov.tw/startup/modules/se/。
- 嚴雅芳,7-ELEVEN 攜社企、社福團體首創超商永續循環經濟,經濟日報,2021 年 4 月 15 日,https://money.udn.com/money/story/5612/5390431。

社會創新實務案例——
閉鎖性股份有限公司 *

許又仁 **

一、你想要成立的是營利還是非營利組織

二、效率與民主化決策你喜歡哪一個

三、怎樣才稱得上成立了一間社會企業

四、創業的契機與為什麼我們選擇「閉鎖性公司」
　　設立社會企業

五、沃畝股份有限公司（元沛農坊）的近況

---

* 本文章之完成要特別感謝我的夥伴，沃畝股份有限公司營運長暨共同創辦
人林儀嘉，以共益公司之精神，編撰我司每年度的共益報告書，傳遞團隊
在社會創新行動上的投入與產出，讓利害關係人深度了解沃畝公司每年度
產出的社會價值。社會創新組織應榮耀每一個辛勤投入社會創新的幕後英
雄，我由衷地感謝夥伴長年投入心力與時間，並以此感謝與榮耀夥伴的良
善與堅持。

** 沃畝股份有限公司（元沛農坊）創辦人。其他職務及經歷：經濟部臺灣創
業合作發展計畫創業顧問、「大專校院創業實戰模擬學習平臺」創業教練。

摘要

創業開立一間公司是一件不容易的事情。創辦「元沛農坊」六年至今，我們經歷許多甘苦，並走上社會企業的路途，以「閉鎖性公司」的型態創辦了「元沛農坊」這個品牌的本體公司：沃畝股份有限公司。我們成立於 2016 年 8 月，適逢公司法修法通過閉鎖性公司入法，並在前輩的建議與指引下，使我們成為台灣第一個，以閉鎖公司成立的社會企業。這個章節的內容會基於我們當時的思考，來分享為什麼會使用閉鎖公司成立社會企業。近年公司法又歷經一次修改，有些原本只有閉鎖公司可以享有的好處，現在一般公司也可以一體適用，但閉鎖公司依然具有特別的優點可以協助你在社會企業的路途上鎖定社會使命，讓大家更加信任你是一間社會企業。

但閉鎖公司依然有相應的缺點會造成募資上的障礙，當你用閉鎖公司來設立社會企業，並不表示你就是社會企業。當一個創業者選擇社會企業的路途，必然是有一份心中的理想想要傳達。但理想之路是艱困的，以下我們會細部分享透過閉鎖公司成立社會企業需要知道的基本知識，並以簡單的企業經營角度，分享作為一個營利組織應該要用怎樣的思考模式來經營公司。

學習點

1. 理解營利組織與非營利組織的差異
2. 理解社會企業需要具備的基本要素，以及如何透過閉鎖公司架構進行價值實現
3. 我們的創業案例分享

關鍵詞

社會企業、共益公司、閉鎖公司

一、你想要成立的是營利還是非營利組織

　　社會創新組織的傘狀光譜，在近年來把營利組織以及非營利組織都納入。主要的理由在於：完成一項社會使命的社會價值不一定只有特定組織型態才可以達成。在這個共識底下，大家想要實踐自己的社會理想不一定要以人民團體（協會），或者是門檻高的基金會才可以做。社會創新組織的設立初衷，必然是想要隨著時間，匯聚有理想的人一起做一件事情，而且希望可以長久永續地做下去。這時候適合創辦的組織型態就成為一個重點方向。我想在這邊先幫助讀者釐清一件事情：你想成立的是營利還是非營利組織？

　　如果你覺得一個組織對於你的社會創新理想是：「一群人有穩定的薪水，組織的收入可以滿足大家的薪水，長久可以把想參與的社會課題做好就好」，那麼你的選擇應該是非營利組織。非營利組織和營利組織最大的差異在於：是否需要累積盈餘創造每一個股份的交易價值。在這個差異前提下，你會發現成立協會需要的是那些人一起做，而不會討論到股份價值。而基金會成立的董事會也只是針對基金會的業務事項以及管理基金的健康，這些都不涉及你必須要為你持有的股份創造價值，這個就是非營利組織的特性。

　　但你想要的社會創新選擇了營利組織，那麼就會涉

及到你完成的業務賺到錢了，這些錢要如何分配？持有
公司股份的人應該如何分配這些利潤？對一個營利組織
來說：組織賺錢的目的是要回歸股東的利益，作爲經營
者要對公司的營收以及股份價值進行價值創造。因此，
設立公司的營利目的是組織本質，如果這個本質可以透
過你鎖定的社會價值實踐，解決的問題又創造了財富，
那麼營利組織就會是一個適合的選擇。而在這個前提底
下的組織管理和營運目的，就會與非營利組織很不一
樣。非營利組織募款，做專案標案夠用就好，但是營利
組織需要的是你得在長遠的規劃讓大家可以回收投入的
資金，並在可見的未來看見累積的財富足以讓你在公
司交付出去的時候，可以過好以後的日子。這時候商業
模式、可持續性營收，以及如何創造一間公司獨特的識
別，建構一個在市場上第一且唯一的組織就變得無比重
要。因此在你選擇要創辦哪一種組織以前，要先想清
楚，你的營運模式適合營利還是非營利？你的性格和特
質適合哪一種組織型態？

二、效率與民主化決策你喜歡哪一個

　　營利組織跟非營利組織都有一個共識決的方式：組
織治理會議。在公司或基金會你會聽到董事會；在公司

組織還有一層是股東會；在人民團體這類的協會你會聽到的叫做理監事會議。公司的基本構成是出資者成為股東，並由公司股東遴選公司治理代表──董事、監察人。因此對於用心經營公司組織管理的單位，每年至少要召開一場股東會議，並在適合的時間長度舉行董事會議，針對公司的財務與治理確認經營目標是否達成，並為財務狀況當責。而公司董事進行決策的時候，投票的權利基本上以持有股份的多寡進行投票的權重。對一般小公司來說，一個超過五成持股的董事長，在董事會議上的投票近乎可以進行獨立決策，董事會議的決策時常有賴於公司文化是否重視廣納好意見的共識文化。而公司組織決策的人數基於持有股份人數，通常比起非營利組織成立動輒需要 30 人以上，算是比較極權一點的組織，相對地效率也會高一點，成立組織的門檻，嚴格來說在人數上也比較小，容易促成彈性與效率，這個是公司組織最大的優點。當然，公司組織也可以讓參與的人都持有一樣的股份，讓每個人的決定權均等，這個有賴於組織治理文化的設定。但相對地在眾人權力均等時，會議的大亂鬥要經過好幾輪，這也意味著效率低落，會降低組織的運作效率，面對市場競爭激烈的情境下，若沒有良好的決策文化，會喪失組織的市場競爭力，最後對公司的獲利與方向調整未必有利。均等的投票權與效率之間，是你成立哪一種組織需要思考的事情。同樣的

邏輯可以放到是否成立合作社的評估，也許讀者內心會有更清晰的輪廓，認為哪一個比較適合自己。

三、怎樣才稱得上成立了一間社會企業

　　以公司組織型態設立社會企業，除了營利目的是公司的營運目標，要稱得上是社會企業其實有其嚴謹的組織治理要求。今天市面上許多號稱要成立社會企業的組織有一個很大的誤區：我只要有捐款我就是社會企業。實際上捐款不能作為社會企業的理由很簡單：個人可以捐款、企業可以捐款。捐款行為本身並不足以區隔自己的組織獨特性，只展現了你很愛捐款，很願意幫助別人，當任何人都可以透過捐款達成助人的手段，就不足以展現組織的獨特性。當你想要成立一個社會企業，你可以嘗試問自己以下幾個問題：

（一）你想解決的社會問題是什麼？為什麼這個問題如此重要？

（二）你是否可以從你看見的社會問題，設計你的公司活動的基本準則與限制，將解決問題的目標成為你的公司核心使命，並且找到你解決問題的手段與方法，讓公司有具體的治理依據，且將這些目標都明確地載列在公司的章程，讓董事會的治理

依據章程的內容來推進社會使命的完成？

（三）你想解決的社會問題是不是具備一種營利模式？在解決你看見的社會問題的時候，是否達成營利組織的營利目標？透過商業模式的放大彰顯你解決問題的力度，並且彰顯組織的獨特性。

（四）你的組織是否有透明的當責治理機制，可以確保你的投資人都明確認同你的公司組織活動，且都朝著解決你想解決的社會問題邁進？為此你願不願意每年都編撰「共（公）益報告書」（Beneficial Report）進行相關的資訊揭露？

　　如果以上四個問題你都想清楚了，而且也想好要以公司型態設立社會企業，那麼你接下來應該要做的事情就是：

（一）將你想要解決的社會問題，和解決問題的面向，以完整的字句寫下來，成為公司的社會使命，放在公司組織章程當中。

（二）你會編撰共（公）益報告書，呈現公司每年活動的共益事項，並解釋社會使命推進的效益與進度，用來檢視公司是否在自己設定的社會使命目標下運作。

（三）每年清楚的財務責信，委任會計師進行簽證（至少做一個稅簽）。

（四）將相關的財務簽證結果，以及共（公）益報告書

提供給利害關係人了解。小公司要對股東與監察人負責。如果你是走入私募階段，要提供給投資人了解；若已經走向公開勸募的階段，募資階段涉及大眾，應該公開揭露。

以上四件事情就是檢驗一個公司型態的社會創新組織是否為社會企業的基本三要素：章程載列社會使命、編撰共（公）益報告書、自我揭露。當有一間公司號稱自己是社會企業，在以上三個要素應該要有一致性的陳述，如果一間公司並不清楚自己在解決什麼社會問題、應該如何解決這個社會問題的利害關係人的難點，甚至連自己的共（公）益報告書都不願意編撰，只是號稱自己會捐款，而且沒有思考如何透過自我揭露以及典範案例說服你的客戶，採用你的方案可以讓環境變得更好，那麼社會企業的說詞只是一個空殼，也無法突顯一間公司在這個社會問題上扮演的獨特角色。筆者在這邊還是要強調：社會企業三要素載列在章程，在法理上是公司治理的環節，強調的是公司治理的原則以及匡列可做的事情，避免企業營運過程當中選擇了偏差的價值取向，反而無助於社會使命的實踐。在實踐社會企業精神的路上，「元沛農坊」歷經許多選擇，以及眾多學習，以下我們會用故事性的方法，結合以上的內容論述分享讓大家知道，我們為何以閉鎖性公司設立社會企業，而實務上我們是如何透過這樣的公司組織實踐我們的社會價

值，希望提供給想創業的你一個參考基準。

四、創業的契機與爲什麼我們選擇「閉鎖性公司」 設立社會企業

　　「沃畝股份有限公司（元沛農坊）」是由學生校園創業存活至今的社會企業。我們最初的成員都是來自平凡家庭，無財力背景的學生。第一次接觸社會企業的觀念來自於 2015 年勞動部主辦的「社會創新創業競賽」，爲當年的桃竹苗區冠軍，同時是唯一進入全國十強的學生團隊。當時爲了第一桶金開啓我們的第一個創業競賽未果，於是便開啓群眾募資，以及其他的專案選拔。最終在「FlyingV 群眾募資平台」受到行善不爲人知的家庭主婦支持我們募破百萬台幣，再加上同年受到「帝亞吉歐 Keep Walking 夢想資助計畫」的支持下獲得第一桶金。接著在競賽中結識評審「KPMG 安侯建業會計事務所新竹所」合夥人吳蕙蘭會計師，以及「清華大學國際產學合作中心」徐慧蘭執行長協助下，以閉鎖性公司成立社會企業「沃畝股份有限公司」，並將「元沛農坊」作爲我們對外的產品服務品牌名，開展我們的社會企業之路。

　　由於我們的第一桶金受之於社會，激發我們對於成

立社會企業的決心,認為透過社會企業的設立,以嚴謹的公司治理與責信,才對得起支持者的資源,因此我們的社會企業之路從這邊開始。

而為什麼會想要透過閉鎖性公司設立社會企業,讓自己成為一間「共益公司」(Benefit Corporation)有三個理由:

(一)社會企業追求的是長遠解決社會問題的價值,需要一個可以限制股份移轉的公司型態,讓股東組成以充分認同我們的社會價值為前提進入公司的營運,用以保護我們的社會使命不飄移。我們希望共同打拼的投資人都可以長久和我們一起努力下去。

(二)當時的「閉鎖性公司」可進行「無面額發行股份,以及勞務增資」,這個對於股份的發行有許多好處,也同時可以維護創辦人的權益。爾後新一輪公司法修法已經開放一般公司也可以進行同樣的發行。但當時我們的選擇僅有「閉鎖性公司」可以享有相關的好處,因此「閉鎖性公司」成為我們的選項。

(三)為確保我們的盈餘可持續投入在社會使命,我們預設至少 30% 的盈餘應保留於公司不分配,確保公司有資金完成章程載明的社會使命。避免股東取得盈餘獲利,但公司要成長的時候不願意掏

錢的困境。尤其在股份移轉限制和股份發行的手段，不只有現金增資的條件下，保有創辦人的社會使命的籌碼較易增加，而保留盈餘的使用限制也因此較能達成共識，強勢表決的同時也可以在兼顧社會價值落實的前提之下，讓創辦人取得較多的投票權重優勢，避免公司治理的內鬥問題。

我們如何透過閉鎖性公司的型態打造一間社會企業？透過閉鎖性公司成立社會企業，相關的規範陳述其實就是在公司章程的內容上進行撰寫。大家在設立一間公司的時候要有一個基本的概念：在送公司登記的時候，公司章程是必備的文件。在公司章程還有董事會議紀錄等文件齊備，送交公司所在地的政府承辦單位後，就會取得一份「公司變更登記表」。這份文件相當於公司的身分證，當你要貸款、開戶，或者申辦獎補助等業務，這份文件都代表了公司的治理歷程。其中公司章程的改變，是「公司變更登記表」一定會記錄，並載明的公司重大變更事項。相關的內容會連帶更新在經濟部商業司的公司登記訊息之中。許多公司的創辦人對於公司章程在公司治理，以及和利害關係人關係的界定的重要性並不太明白。通常都是在申辦業務，或者在重大公司爭議的時候碰到障礙，才發現公司章程的重要性。

而公司章程到底要寫哪些內容？如果你曾經看過在網路上或者是一些代辦業者手上的範本，你會發現：公

司章程絕大部分的內容就是公司法的內容。公司法作為組織法的存在，就是要將政府認為公司組織應該具備的法律遵守事項明定清楚，而公司章程作為公司治理的依循原則，公司法的內容當然就要納入組織章程當中。通常創業新手如果跳過撰寫章程這個過程，就很容易忽視公司章程對於公司治理的重要性。

而章程會涉及到的內容包括：你的公司是哪一種類型的公司、你多久開一次股東會與董事會、你的公司如何產生有決策權力的董事會、有決策權力的人任期多久、你的公司賺錢的時候你有沒有盈餘分配的限制、在你的公司裡面有沒有特殊的董事具有不對稱的投票權益、在財務以及社會責信的面向上是否要撰寫共（公）益報告書等，這些對公司治理重要的週期和項目都會影響公司的營運方針，同時也是「股東之間發生糾紛要互告」的時候依循的基本原則。

從以上的實務觀點來看，你就會發現：在台灣有公司法的存在，讓公司的設立過程因有明確的法律依循可以更快速，政府審查過程可以直接依照公司法的內容進行檢視。對創業者來說也可以省去在公司章程撰寫的時間成本。在不同的國家，公司設立的法律依循不一樣，在其他國家的制度很多時候和台灣的規範不同，未必能像台灣把公司法內容丟進去章程就可以完成章程的撰寫，這一點要特別提醒正打算設立公司的你。

　　而閉鎖性公司的社會企業要在章程的哪些地方做設定？以下筆者揭露「元沛農坊」的本體「沃畝股份有限公司」的部分章程供大家參考：

第 1 條：本公司依照公司法規定組織之，定名爲沃畝股份有限公司，英文名稱定爲 Agriforward, Co., Ltd.。

第 2 條：本公司爲閉鎖性股份有限公司形式之社會企業。

第 3 條：本公司以導入新式科技解決人類社會永續發展之環境及糧食問題爲營運宗旨，以發展兼顧生態保育、環境保護、食糧安全、及廢棄物轉化之循環式農業爲企業使命。技術與業務發展，採行「搖籃到搖籃理論」，或「韌性理論」爲設計核心，並引入設計思考作爲企業文化之基礎，適度照護資源缺乏之族群以維護社會安定，爲人類社會創造和諧之創新服務。

第 10 條：股東轉讓股份時，應得其他股東事前之同意。（後略）

第 19 條：（前略）在會計項目造冊提交股東常會承認項目增列「社會共益報告書」。

第 20 條：（內文略）我們在本條撰寫社會共益報告書辦理方式。內容可由讀者自行編寫。

　　第 22 條：（內文略）在本條載列 30% 以上盈餘持續投
　　　　　　　入社會使命。

　　經過以上幾條關鍵性的條文，我們將閉鎖性公司型
態、社會使命、共（公）益報告書撰寫、特別保留盈
餘，以及向股東揭露共（公）益報告書事項等明確規範
在組織章程當中，同時將公司法基本規範也如常地納入
公司組織章程，並完成我們的章程撰寫。其中第 2 條宣
告閉鎖公司和第 10 條的股份移轉限制，是我們運用閉
鎖性公司股份移轉限制的原則。在章程撰寫的過程中，
最重要的是結構要自洽。舉例來說，宣稱自己是閉鎖公
司，卻沒有股份移轉限制；又或者宣稱是社會企業，
章程卻沒有明定社會使命；又或者根本就沒有納入共
（公）益報告書撰寫事項。也因此，公司章程的撰寫不
僅是設立了股東會和董事會的遊戲規則，也將公司的活
動週期、企業文化，以及揭露事項都加以明定。而公司
章程在創辦人的共識下撰寫完後，也展現了一間公司在
哪些領域的企圖心以及宏遠的社會價值所在。這些內容
都值得大家仔細地估量，而一間公司的章程撰寫，其實
也就某種程度呈現了你對公司治理的想法，以及公司發
展的方向。

　　如果依據我們的章程的社會使命內容陳述，你就會
發現，沃畝股份有限公司是一間重視運用科技解決農食
領域面臨的環境永續課題。在企業文化上重視員工應有

創業家精神，並能從設計思考的方法論中，找到可以利
益社會的創新解決方案。同時我們也重視弱勢族群面臨
的困境，可從公司的資源適度地進行協助。目前我們走
過六年的時間，如果你回顧我們所有的媒體報導，會看
見在這個社會使命的前提下，我們一路走來都在這條道
路上持續努力。

　　近兩年我們也開啟與外部單位如「財團法人林垧璘
宏泰教育基金會」、「DBS 星展銀行」合作，提供實
習機會讓青年學子參與我們的部分工作。我們在人才徵
選上，非常重視公司成員是否有責任感，並準時達成任
務。在互動上能主動提問，同時自發性依據專責計畫，
自主管理，同時透過觀察研究提出看法與創新解方，並
安排驗證計畫。因此，我們希望實習生避免同時參與太
多活動，並聚焦在實習的計畫執行。這些訴求都來自於
「使用者的研究和觀察」是創新服務的基礎，需要花費
許多的研究和思考，提出可能的解決方案並付諸實行。
這些要求，也與來自於我們在公司章程設定的企業文化
有關，將會影響我們聘任人才的決定。另外在社會使命
的內容上，也會反映到我們在構築「元沛農坊」的 CIS
（Corporate Identity System）企業形象識別系統，這也
會和章程鎖定的社會使命有關。

　　「鄉間永續需要科技解方，食味美感從科學開始」
這兩句話道盡了我們公司的存在價值，也呈現我們在

「科技服務與顧問服務」以及「農食創新產品」作爲兩個營收面向，同時也以「科學」兩個字呈現團隊的理性，以及努力追求實質的科學解方的基本原則，也成爲我們 LOGO 設計的基本傳達價值。而鄉間作爲「農食產業」的根據地，要如何環境永續，也成爲我們在這個領域的核心使命，也讓我們和地方創生事業相結合，同時響應政府「淨零碳排政策」持續與時俱進演化，讓我們在「循環經濟」上的「科技方法以及系統觀」支持環境永續議題。而「農業的科學管理，如何用來打造農食產品展現地方風土特色」，形成完整的管理系統，並向大眾傳達「頂級的美味要依靠科學的管理」，也爲我們的「科技農業管理技術」訂下明確的技術發展方向。

五、沃畝股份有限公司（元沛農坊）的近況

　　社會企業的創辦，在公司登記完成後才是眞正的挑戰。很多人時常問：「社會企業和一般的企業有什麼不同？」我們認爲最大的差異在於：一間具有明確社會使命的社會企業想要解決的問題比較定向，創辦團隊在社會關懷面的心會多一點。綜觀在台灣的社會企業創辦者想解決的問題通常都比較系統化，面向也大了一點。但解決系統性問題帶來的企業經營難題就會是：面對大系

統的難題，解決的問題面向必然多，對於資源有限的公司會成為經營難題。也因此，公司的經營與競爭力還是必須回歸公司的務實經營，必須追求資源的運用效率，並同時倡議社會企業本身想支持的議題。

　　回歸產業的務實面向，在完成社會使命的目標下，還是要深度了解產業的特質。沃畝公司選擇解決的命題在農食產業，這個產業特性和我們熟知的工業領域有許多的差異性，舉例來說：

（一）農業的本質是管理生物性狀表現，無論是種植物、養魚蝦、養雞豬牛羊。他的表現就是讓生物產生需要的性狀表現，在最肥美的時候收成來吃。也就是說，農業的時間成本決定於生物性狀表現的時間，隨著你的標的物差異，時間成本可能是一個月、三個月、半年，甚至數年。高時間成本，又必須面對生物的生老病死造成的經濟損失，是這個領域嚴肅的生產成本管控挑戰，同時也是涉及展現公司社會價值的時間成本。

（二）「只要採收、屠宰，任何的農食產品就要面對風味變化，以及保存問題」。當我們栽培的作物和畜養的動物被收成後，我們取得他們的生物個體因為離開活的狀況，就會面臨是否新鮮可食用，以及在產品的轉化是否可以符合消費者想要的風味選擇。舉例來說，當牛被宰殺成牛肉，要在怎

樣的環境保存，經過一定的熟成後，才會產生我們覺得鮮甜的牛肉滋味？植物採收後，要怎樣避免腐爛，才不會產生不好的味道？穀物要怎樣保存，才可以確保未來有授權的種子可以持續耕作？穀物到底要怎樣加工，才可以產生我們想要的美味？這些都會是另外一個涉及保存和加工的成本。

（三）農食產業涉及生物培養、保存加工、通路銷售、生產技術支持等面向。如果你想成立一個社會企業，在資源有限的時候，你要鎖定在哪個地方定位自己的企業方向？

（四）農業生產通常涉及生產基本要素，即人力、土地、天然資源三大限制，同時產業規模也受限於國家人口的消費規模。市場的利基要往哪裡選擇也是一個產業難點。

　　讀者看到以上四大面向的問題，應該可以理解一間資本額僅有百萬級的社會企業，若沒有清晰的課題鎖定，社會使命的推動將有困難。在這個思考點下，我們回歸團隊的專業能力：對物聯網（Internet of Thing, IoT）技術熟悉、擁有生物技術的專業、熟悉設計思考方法構築服務優化方案、對食品風土觀念的熟悉等。思考我們在這個產業的切入點，如何能夠結合我們的專業知識，融入產業的生產，並帶動消費者理解我們的產品

價值，同時讓具有技術需求的生產者看見我們的服務價值。

　　在這期間，我們歸納出在這個領域倡議環境永續的 5R 行動原則：再設計（redesign）、減少製造（reduce）、循環（recycle）、環境恢復（recovery）、環境韌性（resilience），並透過專案的實踐，構築我們的核心競爭力，以及專案服務價值。經過六年的探索和科技整合，我們透過數個典範案例的建構，展現我們如何透過科技力推動我們在環境永續領域的獨特價值。以下舉兩個經典案例說明我們在實務經營上的成果。

（一）2018 年「台灣黑熊保育協會」委託花蓮玉里黑熊彩繪田計畫

　　2017 年底我們接獲台灣黑熊保育協會的委託，規劃玉里黑熊彩繪田的種植。2016 年創辦時刻，我們為了了解農業生產流程的痛點，開始參與作物栽培的農耕過程，並且親自下田了解整個生產的細節。由於其中一項生產作物是水稻，讓我們承接了彩繪田的規劃與種植。當時我們探索的目標在於：「IoT 氣象站與光合菌運用於作物栽培的技術，如何應用於作物栽培」。在這個命題的設定下，我們認為這個委託案可以幫助我們探索這個面向的技術整合如何施行，因此開啟我們的彩繪田計畫施行。

　　由於台灣黑熊保育協會訴求：「這塊田區必須以野生動物棲地補償的觀念進行試驗」。希望以無農藥栽培，並試驗友善生物的做法施行，因此給予我們在探索永續農作的實驗契機。在這個案子的施行，我們近乎每兩個星期，由台灣西部移動至花蓮玉里進行田區的觀測與記錄，至採收結束。期間我們試驗發現光合菌對於「避免秧苗黃化、維護秧苗品質」有很大的助益。並在其間與中興大學土木系楊明德特聘教授實驗室合作無人機 AI 影像分析技術，追蹤田區的生長狀況，讓我們掌握無人機應用於田區管理有哪些技術潛力。並在這個技術基礎上，獲得對於地理資訊系統（Geographic Information System, GIS）在地理景觀上的應用，合作打造出全台灣最快的地景放樣技術。

　　同時因黑熊彩繪田的設計配色、合作農民管理技術到位，讓 2018 年黑熊彩繪田聲名大噪，種植期間三個月，吸引近兩萬人次造訪人口僅有 2.5 萬人的玉里鎮，創造觀光人流效益，促成地方創生效益。同時，因黑熊彩繪田 60% 的面積為食用滋味不佳的花蓮 23 號，我們設法以釀造方向運用這些稻米，因此開發出明星商品——無添加的純天然釀造醬油「黑熊釀淡口醬油」，以及以負壓蒸餾製作的「黑熊釀米燒酒」。將原本要丟棄的花蓮 23 號，華麗轉身為打造「具備台灣風土特色的天然釀造醬油」，也幫助我們成為花蓮區改良場第一

個技轉花蓮 23 號的民間單位，持續種植花蓮 23 號製作
黑熊釀淡口醬油。

　　爾後，相關的專案與技術也幫助我們開啟規模契作
提供給餐飲業者，以及與頂級農民產出不輸給日本頂級
越光米品質的「特級 147」商品，作為企業的伴手禮，
透過品嚐這些特別的頂級美味，支持用心對待作物與土
地的農民，以及用心生產商品的良心生產者，並支持背
後使用的科學技術力。在技術方面，完整探索物聯網氣
象站收集天候資訊、光合菌於栽培使用技術，以及地理
資訊系統技術，如何與田間管理相結合。期間如何降低
農藥和肥料讓農耕獲得友善環境的效益，也在這樣的專
案當中探索完成，在綜效上完備我們透過科學方法協助
農作永續的系統方法。

（二）2020 年彰化田尾鄉「花田喜彘」智慧汙水曝氣馬達控制案例

　　在完成人工智慧物聯網（AIoT）技術如何收集觀
測數據，結合田間操作的面向。我們把技術推進的方法
論，推向「以 AIoT 人工智慧物聯網技術進行數位馬達
控制」。在農業有關的數據收集，作用在於收集更多的
環境數據，但涉及管理並降低人力需求的選項，來自於
農業設備的自動化管控，要同時兼具「數據收集與數位
控制」，才有辦法提供農業完整的解決方案。2020 年

　　我們接獲米其林指南餐廳指定品牌豬「花田喜彘」的委託，改善養豬廢水池的馬達控制，協助安裝「數位變頻曝氣馬達」，幫助改善曝氣池的用電量。變頻馬達可以做到能源節約的原因在於：如何讓馬達在汙水需要大量曝氣的時候，增加馬達的輸出力道增加曝氣；在需求低的時候維持較低功率的馬達輸出，避免曝氣馬達全天候全力運轉造成能源浪費。在這個案例中，我們與機電夥伴設計雲端可調整曝氣策略的系統架構。透過物聯網的裝置，並結合雲端的系統，讓養豬廢水曝氣的策略可以在雲端修改曝氣策略，就可以執行的概念下提供系統性解方。並取代傳統俗稱微電腦的可程式化邏輯控制器（Programmable Logic Controller, PLC），必須要求工程師現場服務才有辦法解決程式出現的問題，大幅降低了工程師的出差成本，並大幅提升我們可以同時服務的設備管理以及場域服務數量。

　　同時我們也讓曝氣策略可搭配光合菌使用，讓光合菌在適度的曝氣策略下，避免因曝氣過度造成死亡。持續存活在廢水池中降解汙水池難聞的味道，降低養豬場對環境的衝擊，並提升養豬廢液價值，轉成合適於農耕的養液。對於受極端氣候衝擊的台灣農業環境，若能將養豬廢液用於農耕，可緩解對化學肥料的依賴，也降低農耕用水的需求。讓養豬場的用水，在經過一次農耕運用，達成農業循環經濟的典範。這個案例的完成，也

讓我們和「花田喜巃」一起獲得國際獎項「2021 crQlr
Awards: Oikeios Prize for Environmental Design」，同
時也受到地方政府的肯定。

回顧社會企業創辦過程，社會使命的設立讓我們明
確地將沃畝股份有限公司，以及「元沛農坊」的品牌核
心理念踏實地構建。我們努力實踐一個「生產者越使用
環境越好的技術服務，也同時提供消費者一個選擇；同
時建構一個購買越多，環境越美好消費商品」。以閉鎖
性公司設立社會企業，讓我們在股東的共識上做出對彼
此都最好的共識和協議。

在緊扣實踐社會使命的方向上，我們也據此探索最
佳的科技解方，提供客戶具有價格競爭力的解決方案，
同時樹立我們在科技農業領域的獨特性：「兼具系統再
設計能力，並依據客戶生產流程，提供具有環境永續價
值，並有競爭力的新式科技解方」。

找出自己企業的獨特價值主張（value proposition），
需要在一個堅定的方向上找到解方，同時在專案的執行
過程當中，為公司帶來營收，同時建立明確的商業模
式。社會使命的鎖定，等於在企業治理過程明確化地讓
組織成員知道我們可以做什麼事情，並努力找到創新的
解方。創業過程中，我們一方面在創新的價值上陸續獲
獎，更重要的是，在這個累積過程找到一個可以完成社
會使命的技術方法，以及實踐商品化的能力。

　　比起社會企業的名稱，我們打造系統共好的概念下建構商業模式，我們更願意稱呼自己為「共益公司」，也因此我們以「共（公）益報告書」的名稱納入公司組織章程，呈現我們在社會使命追求的進展，同時在「財務責信」的面向上，每年皆委託專業會計事務所進行簽證，向股東揭露我們的年度營運成果。

　　元沛農坊（沃畝股份有限公司）以一間「微型企業」作為共益公司的範例，顯示即使是一間微型企業，也可以展現一間新創公司社會企業的價值。我們在專案的執行選擇上，也因社會使命的鎖定，而對於科技選擇以及案例的社會價值做出取捨，並在最短的時間內，盡可能最大化驗證技術的可行性。六年創業時間的淬鍊，我們依舊在自己的社會使命上持續邁進。在各種專案的洗禮下，也找到自己的商業模式，並持續聚焦服務客戶，朝著規模化的方向邁進。

　　最後作為創業者，我們依舊堅信，創辦一間社會企業不僅是理念與社會使命需要被設立，更重要的是透過深度理解自己的競爭優勢，並建立可持續性營運的商業模式，並為股東帶來長遠的利益，除了可回收最初的投資資金，並能創造利潤與資產成長價值。即使投資人可以降低投資報酬的期待，但創辦人本身仍需秉持自己創辦的是營利事業，以此為營運的基本目標，同時實踐自己的社會價值。社會創新的路途，「公司組織是一種選

擇，而非唯一的選擇」。筆者撰寫這個章節時，我們仍
然不忘呼籲：所有的社會創新組織的選擇，僅剩下公司
組織未能有如同國外立法的共益公司組織立法。企業作
為一個法人組織，本身要實踐自己的社會使命，應該是
被承認的基本權利：積極實踐社會使命的共益公司應該
要有一個合理的組織位格。當美國已經為具有社會使命
的公司組織設立相關法律，為何在台灣的公司法僅承認
企業只能以營利為目標，次要才做一點公益的事項？

　　我們的做法是透過閉鎖性公司限制股東的股份移
轉，讓大家在治理上聚焦於社會使命。但閉鎖性公司最
多僅能有 50 位股東的上限，公司終究有一天也可能因
為營運需要資金，或有其他營運上的需求，離開閉鎖性
公司型態，並在新股東的加入後，喪失當初堅持的社會
使命。我們積極參與共益公司的立法行動，並貫徹共益
公司的營運價值，就是希望透過堅持與等待，期待創新
的立法可以有所進展，讓我們需要成長招募新的股東的
時候，可以透過一個具有法定位格的共益公司型態，打
造公司下一段的驅動引擎。否則實踐社會企業理想的組
織，最後僅能受限於閉鎖性公司型態的運作，除非投資
人出資都可以很大筆，否則對於企業營運規模擴大的
方向，最終將有天花板。若我們可以期待公司組織的轉
型，可興起更多具有社會使命的企業產生。那麼我們在
良善資本的匯聚，以及實踐對社會有益的商業模式將會

遍地開花，甚至可期待有一天上市的公司是一間共益公司。而實際上在美國的實踐案例中，已經有上市的企業是以共益公司的身分存在。這樣的夢想並非遙不可及，我們殷切地期盼未來有一天可以看見同樣美好的事情發生在台灣，也更加激勵有志於社會企業發展的創業者多一份鼓勵，將社會企業的創辦成為夢想的一部分。

─── 思考小練習 ───────────────────

1. 你想要的是商業行為支撐你的夢想？還是要匯集大眾的愛心進行有意義的公益活動？哪一種組織型態比較適合你？
2. 設立公司在盈餘的分派要如何維持公司的財務永續經營，並且持續在自己的社會使命上實踐？
3. 獲利和公益是否可以兼容並蓄？公益是否等於贈送免費的東西或者是物資給需要的人？

─── 延伸閱讀 ───────────────────

• 保育混搭農業！許又仁在田裡養出了「台灣黑熊」，聯合報倡議 +，2020 年 4 月 1 日。
• 當知識走入田間！元沛農坊創辦人：農業科技的解放讓品質可掌握在自己手上，Meet 創業小聚，2020 年 4 月 10 日。
• 農業如何淨零轉型？元沛農坊用 AIoT 實現永續農業，

旭時報，2022 年 10 月 6 日。

- 把 AI 導入田裡元沛推動共生新農法，遠見 ESG，2020 年 7 月 27 日。
- 元沛農坊搭起科技和農業之橋，工業技術與資訊月刊，第 363 期，2022 年 6 月號。

家圖書館出版品預行編目資料

從CSR、ESG、SDGs到社會創新事業的永續
　世代法律必修課／吳盈德等合著；方元
　沂主編. -- 初版. -- 臺北市：五南圖
　書出版股份有限公司, 2023.06
　面；　公分
ISBN 978-626-366-095-3（平裝）

1.CST: 企業社會學　2.CST: 企業法規
3.CST: 永續發展　4.CST: 文集

494.15　　　　　　　　112007209

1UF9

從CSR、ESG、SDGs到社會創新事業的永續世代法律必修課

主　　　編 ― 方元沂（3.6）

作　　　者 ― 方元沂、吳盈德、陳盈如、朱德芳、
　　　　　　　陳言博、洪令家、江永禎、康廷嶽、
　　　　　　　吳道揆、陳一強、王儷玲、黃正忠、
　　　　　　　侯家楷、邱瑾凡、蔣念祖、許又仁

發 行 人 ― 楊榮川

總 經 理 ― 楊士清

總 編 輯 ― 楊秀麗

副總編輯 ― 劉靜芬

責任編輯 ― 呂伊真

封面設計 ― 陳亭瑋

出 版 者 ― 五南圖書出版股份有限公司

地　　　址：106台北市大安區和平東路二段339號4樓

電　　　話：(02)2705-5066　　傳　　真：(02)2706-6100

網　　　址：https://www.wunan.com.tw

電子郵件：wunan@wunan.com.tw

劃撥帳號：01068953

戶　　　名：五南圖書出版股份有限公司

法律顧問　林勝安律師

出版日期　2023年6月初版一刷
　　　　　2024年6月初版二刷

定　　　價　新臺幣450元

經典永恆・名著常在

五十週年的獻禮——經典名著文庫

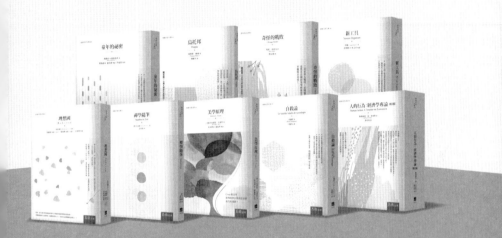

五南，五十年了，半個世紀，人生旅程的一大半，走過來了。

思索著，邁向百年的未來歷程，能為知識界、文化學術界作些什麼？

在速食文化的生態下，有什麼值得讓人雋永品味的？

歷代經典・當今名著，經過時間的洗禮，千錘百鍊，流傳至今，光芒耀人；

不僅使我們能領悟前人的智慧，同時也增深加廣我們思考的深度與視野。

我們決心投入巨資，有計畫的系統梳選，成立「經典名著文庫」，

希望收入古今中外思想性的、充滿睿智與獨見的經典、名著。

這是一項理想性的、永續性的巨大出版工程。

不在意讀者的眾寡，只考慮它的學術價值，力求完整展現先哲思想的軌跡；

為知識界開啟一片智慧之窗，營造一座百花綻放的世界文明公園，

任君遨遊、取菁吸蜜、嘉惠學子！